知识大揭秘

物大世界

王学理◎编写

吉林出版集团股份有限公司

全国百佳图书出版单位

图书在版编目（CIP）数据

动物大世界 / 王学理编. —— 长春：吉林出版集团
股份有限公司, 2019.11（2023.7重印）
（全新知识大揭秘）
ISBN 978-7-5581-6289-3

Ⅰ.①动… Ⅱ.①王… Ⅲ.①动物 – 少儿读物 Ⅳ.
①Q95-49

中国版本图书馆CIP数据核字（2019）第003233号

动物大世界
DONGWU DA SHIJIE

编　写	王学理	
策　划	曹　恒	
责任编辑	蔡大东　林　丽	
封面设计	吕宜昌	
开　本	710mm×1000mm　1/16	
字　数	100千	
印　张	10	
版　次	2019年12月第1版	
印　次	2023年7月第2次印刷	
出　版	吉林出版集团股份有限公司	
发　行	吉林出版集团股份有限公司	
地　址	吉林省长春市福祉大路5788号	
	邮编：130000	
电　话	0431-81629968	
邮　箱	11915286@qq.com	
印　刷	三河市金兆印刷装订有限公司	
书　号	ISBN 978-7-5581-6289-3	
定　价	45.80元	

演化和发展是绝对的，是生命进化过程中一个永恒的主题。

客观地说，从生命的产生到现在生命世界的纷纭发展，演化和发展在任何一种生命形式中都没有停止过。地球上已知的动物种类在 120 万～ 200 万间，包括人类在内，生命形式与每一类动物出现之初已经面目大不一样了。

进化发展是生命形式的主旋律。地球上现存的动物无一例外的是其古代祖先演化和发展而来的，这种演化和发展永远也不会停止。再过亿万年，那时的动物无论从数量到种类，从形态到构造，一定会与今天有很大不同。

动物从产生到发展要经过一个过渡繁殖期，直到它被胁迫着镶嵌到生态系统生物链中之后，才受制于生态制约，与其他生态因子形成动态平衡。

无论哪种动物，当环境、条件、水分、阳光、食物、天敌都有利于它的生长繁殖时，它都会不失时机地进行高效的繁殖。这种繁殖不但会造成种群数量上的扩大，还会刺激单位产卵量的增加、子代成活率的提高等。这是一个十分重要的生命现象，客观地保证了生命存在、演化和发展能有充足的种源。试想，如果不是这样，如何会有今天动物的繁荣？

　　无论某种动物繁殖的势头如何迅猛，种群大发生的态势如何猖獗，它都会很快受制于环境。大自然会通过食物短缺、天敌压境、气候变得不利于生长繁殖等最终迫使该种动物大量死亡，把其数量压缩到生态环境允许的限度之内。所以，突破平衡，回到平衡上来，再突破平衡，再回到平衡上来，这是生态平衡的客观写照。

　　适者生存是生命演化和发展中的普遍规律。动物在漫长的生存斗争中，不断地适应环境，通过艰苦的选择找到自己的生态位置。在生态关系允许的范围内，各种动物都以独特的方式繁衍着后代，延续种群。遵从生态约束，接受自然选择，这是动物生存的基础。

　　遗传性决定了动物的种内繁殖和纯化，而变异性使得它们对环境表现出新的适应和选择。

MULU 目录

目录 MULU

第二章　脊椎动物

第三章　爬行动物

目录 MULU

第一章
生命起源与无脊椎动物的发展

无脊椎动物从简单到复杂，从低级到高级，经过原肠虫、吞噬虫和浮浪幼虫的演化发展，逐渐出现了腔肠动物、扁形动物、线形动物、环节动物、软体动物，最后发展到节肢动物，出现了水螅、水母、涡虫、线虫、蚯蚓、蜗牛、蚌、虾、蟹及昆虫，历经30多亿年。在这漫长的历史长河中，动物界由点到面、由水中到陆地，最后遍布地球的每个角落，无论在种类上还是在数量上都成为生命的主体。

地球之初

研究生命科学，离不开生命赖以生存的地球。地球之初究竟是个什么样子？生命是怎么在地球上诞生的？这些鲜活的话题，几乎是在人类有了语言、学会思考之后，很容易就想到的问题。

科学家认为，地球在最初完全不是现在的样子，宇宙也绝不等同于现在能够观察到的宇宙。地球自宇宙大爆炸从太阳系中脱颖而出的时候，还是一个表面具有几千摄氏度高温的炽热的火球。那时的地球表面到处翻滚着火红的熔岩，如同一个沸腾的钢炉，红流滚滚、火花飞溅，这就是地球刚刚诞生时的情景。

地球就这样激烈地折腾了大约 10 亿年，由于不停地喷发、震动和宣泄，到了距今 34 亿年的时候，地球内部积蓄的能量渐渐得到释放，地球的活动也慢慢减少了，地球变轻了，也"温顺"多了。地球表面温度不断下降，地球表面的熔岩逐渐凝固，原来沸腾的"火炉"不见了，取而代之的是愈来愈坚硬的地壳。由于地壳阻断了地球内部温度继续向外传递，大气层中的温度下降得十分显著，被喷发到空中的各种化学物质在气温达到它们的冰点之后，纷纷变成固态尘埃。同时，氢和氧化合成水，成为水蒸气弥漫在大气层中。有了水蒸气也就有了雨，

当天空中大雨滂沱，下个淋漓尽致的时候，夹杂在尘埃中的各种化合物也就随降雨来到地面。久而久之，地球之上有了江、河、湖、海，也有了高山、盆地、丘陵、平原。

至此，地球变得稳定了，虽然时而还有高山隆起、地面震陷，但那都是局部的。

生命的起源

在地球初始阶段，空中充满着地球喷到空中以气态存在的各种元素，这些元素包括碳、氢、氧、氮、磷、硫等。这些元素在宇宙射线的作用下，在闪电的电火花的刺激下，不断地化合，从而组

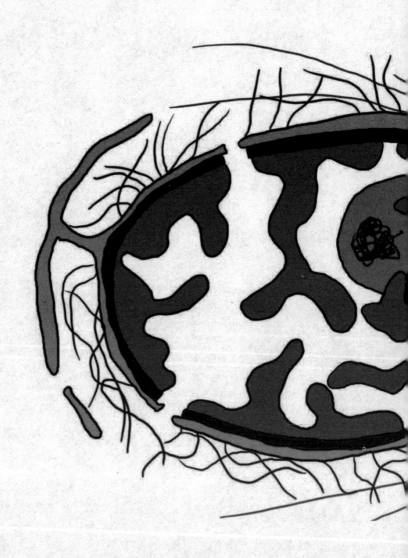

成了新的物质。例如，氢和氧结合成水，水以水汽的形成飘散在空中；氮和氢结合成氨、甲烷，硫和氢化合成硫化氢以及碳、氢、氮化合成氰化氢等。

我们知道，生命由蛋白质组成，如果这些物质能进一步合成蛋白质或核酸，那么，生命的诞生也就在咫尺之遥了。

科学家认为，在宇宙射线和雷电的作用下，氨基酸的合成是可能的。1953年，美国科学家米勒根据这一推断设计了一套密封装置，他将装置中的空气抽出，分别装入氢、氨、甲烷和水蒸气，并连续制造闪电放出电火花，结果从装置中真的检验出了氨基酸。

当这些化合物和单质元素随降雨来到地面集聚到海洋时，它们在水中聚集或缩合，形成有机碱、戊糖和磷酸，最后有机碱、戊糖和磷酸组成核苷酸，而众多核苷酸通过磷酸酯链连接就成了核酸。有了蛋白质和核酸，就有了细胞形成的基本条件。细胞膜包裹着蛋白质和核酸，形成了最原始的细胞质和细胞核。

细胞

大约34亿年前，细胞出现了。只有一个细胞的生物体，我们称其为单细胞生物。

开始出现的细胞很小，后来生物进化了，细胞也向不同方向演化，在大小、形状、功能方面就千差万别了。但是，有一点是相同的，无论生物体大小，也无论生物体简单或复杂、低等或高等，组成它们的最基本单位都是细胞（病毒除外）。

小的细胞肉眼看不到，只有几微米，而大的细胞如卵细胞就很大了，鸡蛋、鸭蛋、鸵鸟蛋都是卵细胞。最早出现的细胞简单得多，只不过是被一层有机膜包着的蛋白质和核酸。进化完整的细胞的最外层是细胞膜（植物细胞为细胞壁），内有细胞核，细胞核包在核膜里。细胞膜与细胞核之间是细胞质，细胞质是蛋白质；细胞核的主要成分是染色体，组成染色体的是核糖和核酸。

细胞虽小，组成细胞的蛋白质却十分复杂。生物体越高级，组成该生物体的蛋白质种类越多。例如，最简单的细菌的细胞内蛋白质的种类至少有500种。人体细胞内的蛋白质要超过1万种。

研究细胞主要是研究细胞的结构和功能，细胞的分裂和分化，细胞的遗传和变异，也包括研究细胞的衰老和病变等。

　　细胞学的发展分成了几大分支，这些分支学科主要包括细胞形态学、细胞遗传学、细胞化学、细胞生理学和分子细胞学。

　　运用近代物理技术、化学技术和分子生物学理论研究细胞生命活动，是细胞生物学的范畴，它是 20 世纪 60 年代实验细胞学发展的新阶段。细胞化学和分子细胞学，除研究细胞结构的化学成分的定位、分布和生理功能外（基因分布、碱基分布研究等），从分子水平分析细胞结构和功能以及这些结构之间的作用、遗传性状及机制，也是研究的重要内容。

细胞的演化

事情很有趣，越简单的东西越有发展空间，如果当初天地之间突然跳出些怪兽，说不定今天地球仍然万物无存，一片死气沉沉。

距今 5 亿年左右，地球进入了新的活动期，这个时期在地质年代上叫寒武纪。处在水中的原生生物面临恶劣环境的巨大考验。地震、海啸、火山爆发频频发生，海也好、湖也好都是不断的狂风暴雨，无休止的惊涛骇浪，个体弱小的原始生命随时都可能被击得粉身碎骨。在进化过程中，那些单细胞群体，像盘藻、团藻，由几十个到几万个细胞紧密地贴接在一起，它们的体积大、重量沉，容易离开上层水面而躲避到较深的相对平静的水中,这使它们大难不死。"皮薄"也不行，只有一层表皮细胞联合的群体也会被风浪撕扯破碎。再就是靠表皮细胞吞噬食物的营养方式已经难于满足增长的需要，也面临被淘汰。环境迫使原生生物向三个方向进化，那就是向大体积、多层细胞、有食物腔这三个方向转化，这就是后来腔肠类发展的原因。

这个演化很有意思，正像生物学家赫克尔描绘的原肠虫、梅契尼柯夫描绘的吞噬虫和格拉福描绘的浮浪幼虫三大学说。

原肠虫说指出，发生在团藻球体表面细胞的内陷是原肠虫出现的原因。当一端细胞凹陷后贴到相对一端表层细胞的内壁时，便形成了两层细胞一个腔的新躯体——原肠虫。

吞噬虫说指出，球形的空心藻表层细胞吞噬了食物之后，由于体积膨大，原来位置容纳不下它，于是便被挤入空腔内，当这种被挤入的细胞多了，便紧贴表层细胞内壁又形成一层内层细胞层，这个空心藻就成了两层细胞一个腔的吞噬虫。

原生生物的演化虽然不都是以原肠虫、吞噬虫形式进行，但这两种类型很有代表性，生动地描绘出两层细胞由单层细胞的进化过程。

浮浪幼虫说指出，在两层细胞一个腔的新生物出现后，演化发展并没有就此停顿，而是继续进行着。当腔的开口一端为了稳定身体固着在水中物体之上时，为了减少水流冲击造成的晃动，它慢慢地向扁平方向发展。也就是身体呈纵轴扁缩，横向延伸，最后由辐射对称的圆形躯体，演化成两侧对称的扁形生物——涡虫。

科学家的贡献是了不起的，三个学说以精辟的科学描述把数以亿计的原生生物类群从简单到复杂、从低级到更高一层演化的客观规律描绘得淋漓尽致，使争论了多年的原生生物到腔肠类、扁形类过渡的学术观点令人信服地统一到"三个学说"上来，平息了争论，开创了原始生命进化研究的新局面。原始生命类群的多样性得益于寒武纪无脊椎动物大爆发，也是被恶劣环境逼出来的生物适应环境的自我改变。

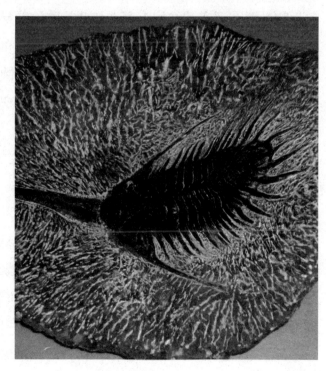

原生生物

在生物进化过程中，原生生物由于它们出现的时间最早、结构简单、个体小，虽然它们种类甚多、形态千变万化，但是这些特殊的生物类群进化得相当缓慢，从 34 亿年前单细胞生命出现到各类原生生物在地球上各个角落繁荣发展，少说也有近 10 亿年的漫长演变过程。这些生物类群具有三个明显的特点：一是种类繁多，二是形态多样，三是分布极其广泛。

说它种类多，原生植物不算，仅原生动物包括鞭毛虫类、肉足类、孢子虫类和纤毛虫类这四大类原生动物就有 3 万种以上。

说它形态多样，那更名符其实，除原生生物外，几乎再没有任何生物类群在形态和结构上存在如此悬殊的差异，表现出如此不同的变化，因为原生动物的团藻和表壳虫，表面布满由每个表层细胞伸出的鞭毛，酷似披刺的圆球；而表壳虫在半圆形的躯体下还有几支伸缩自由的足，看上去像个长腿的香菇。这在其他动物界是绝无仅有的。

说它分布广，就更准确不过了，可以说在空气、土壤、江、河、湖、海、泥土、沼泽中几乎无处不有，无时不在。就是动物和植物，也未能逃过它们的寄生。

它们个体小，极易获得足够的食物，也容易满足栖息条件，几乎随遇而安，加上它们不同的繁殖方式，极富繁殖能力，能繁殖、好传播、便于扩散，所以，原生生物在它们问世后的 10 亿年间都得到了极大发展，几乎充斥地球上的每个角落和空间。

科学家肯定了这种分布状态，认为这正是生物多样性的基础，由于当初各个不同的地球环境都出现了原生生物，才有了生物在各个不同环境中的不同进化分支，导致了生物向多种多样化的演变。也正是因为它体小且轻，才能被风雨带到地球的各个角落，才导致了后来地球万物各居一方，这也是原生生物的功绩。

原生生物的进化与演变，首先引起了法国大博物学家拉马克的关注。他最先提出了生物进化学说，后称拉马克主义。他的学说是对神权论的挑战。英国博物学家达尔文，在环球旅行后，写出了科学名著《物种起源》。他在进化论中科学地描述了原生生物的产生和进化，并对原生生物的广泛分布对后来生物进化中导致丰富多样化结果给予高度评价，这是学术研究的一大突破。

直到现在，这类研究也并没间断，只不过更系统、更深入、更科学了。

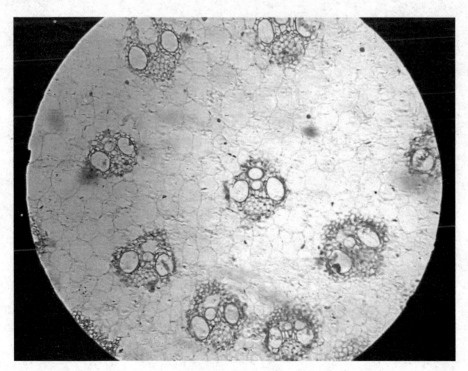

原始的鞭毛虫

在原生动物中，某些寄生虫可以导致人畜生病，甚至造成人畜死亡，所以，小小的寄生虫也能扰得人们心惊肉跳，叫人不得不重视，不得不去研究它们。其实，水中的原生动物也能掀起"惊涛骇浪"，使得水牛生物难逃灾难。

原生动物中的鞭毛虫，由于身体的一端长有鞭毛而得名。鞭毛是这些早期生物的运动器，鞭毛不停地摇曳，可以使这类生物运动，也可以将食物驱赶到它们身旁以便它们吞噬。它们游弋在水中，是一个特殊的群体，生物学家称它们为浮游生物。

在自然界中，浮游生物是一部分鱼类的天然饵料，这也是原生生物的一大贡献。

生物化石

原生生物没有骨骼，死亡以后也就分解消失了，加上年代久远，即使形成化石的也是凤毛麟角，天下难寻。直到现在，全世界能够找到的原生生物化石也仅有数种。

一是叠层石，是由红藻、蓝藻及其他微小藻类在生长或活动过程中分泌和沉积的钙质所造成的各种团块。这些团块常常会形成石灰岩礁，有许多细微的纹理结构。把它切成薄片，在显微镜下观察，有时可以看到微小藻类及其分泌物的遗迹。这在生物进化和古生物研究上显得异常珍贵，这些存在了几十亿年的生物化石，特别是原生生物化石真是千金难买，万觅难见。这些叠层石形成于寒武纪，即无脊椎动物出现并逐步繁荣的地质时期，距今少说也有5亿～6亿年。叠层石在中国仅发现于河北、辽宁，具体出土地质层属震旦系地层。

二是有孔虫化石，是原生生物中有孔虫的硬壳保存下来的化石。这些原生动物化石产生于古生代地层之中，是在古生代及其后的海相沉积中保留下来的古生物类群。有孔虫壳的大小差别甚大，但它们均属于微体古生物学范围之内。壳壁和室的构造繁简不一，这表明同类有孔虫出现的年代不同，不同年代环境的变化也大不一样。古生物群在对环境适应的过程中，由自然选择而使得构造不断完善，机能不断改进和提高。有孔虫沉积海相往往是生成石油的地质构造，所以，鉴别有孔虫不但可以鉴别相应的地层的地质时代，同时也是对石油地质研究的极具价值的标记。

三是放射虫化石，是原生动物的重要化石。由于放射虫具有内

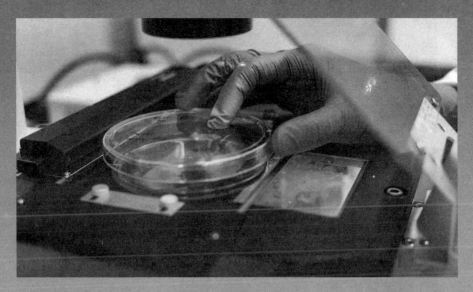

骨骼，所以在放射虫地层中保留有它们的化石。放射虫与其他原生动物相比，它们的构造相对复杂得多，因此，断定它比叠层石中的红藻、蓝藻以及其他微小藻类恐怕要晚些。放射虫形态多样，或由许多单独的针组成，或具有筛状构造，常具有凸出的刺。放射虫的骨骼成分主要是二氧化硅，在前寒武纪地层中分布较多，大多保存在海相硅质岩内。

四是牙形刺，这种刺究竟来自哪种小型原始动物到现在尚不清楚，但在寒武纪和三叠纪的地层中都分布着这种牙形刺的化石。古生物学家认为，虽然这种牙形刺分类位置不明，但可以肯定它是6亿～5亿年前生活在海中的某种小动物体中的小骨骼。牙形刺形如角锥或呈梳状、耙状、台状，由此推断它们是一类重要的微体古生物。

对于研究古生物化石，中国科学家投入了大量精力，因为这类研究是研究生物进化的科学依据和基石。这些古生物对考证地球地质年代十分重要，具有古生物方面的学术价值、社会价值和经济价值。

原生生物的有害类

整体来讲，原生生物的存在是有益的，不但在进化方面具有特殊的地位和意义，也是生态系统中维持生态平衡不可缺少的生态要素。在经济效益上，原生动物的开发利用也举足轻重。但是，原生生物特别是原生动物中也有不少害群之马，它们可能是其他生物健康的敌人。因此，针对有害原

生动物的控制和除治的研究就成为当今医学、防疫学、畜禽疾病防治学领域的重要课题。

有害的原生动物有代表性的有利什曼原虫、疟原虫、锥虫和球虫等。它们有的寄生在人体内，有的寄生在畜禽体内，严重危害人及动物的健康，有的甚至会导致人及动物的死亡。

总之，原生动物对人及动物的危害应引起人们的重视，只有防患于未然，才能争取主动。

海绵与多孔动物

原生生物由单细胞和单细胞群体过渡到多细胞动物，最早出现的也是最低等、最原始的多孔动物，它们的代表——海绵。

多孔动物的特点：一是身体辐射对称。二是没有明显的组织和器官，两层细胞一个腔，但两层细胞中间出现了中胶层，中央的腔形成了最原始的胃，中胶层有钙质或硅质的骨针和类蛋白质的海绵丝。骨针形状分单轴、三轴和四轴；海绵丝分支呈网状，起骨骼支撑作用。没有消化腔，食物仍在细胞内消化，胃只能将食物传给细胞消化作用；没有神经系统，刺激的信息也只有靠细胞间传递、感受，反应缓慢，很原始。三是具水沟系，即体内水流所经过的途径，分单沟、双沟、复沟三种，也是海绵由简单到复杂演化的原因。沟多摄食面积大，营养多发育好。四是在生殖和发育方面，无性生殖以出芽方式进行，即海绵体壁的一部分向外突出形成芽体，芽体长大后脱离母体或独立成为新个体或与母体连接成群体。有性生殖是指多孔动物雌雄同体或异体，异体受精。卵和精子都由中胶层的原细胞发育而成。成熟后，卵留在中胶层内，精子逸出，随水流进入其他海绵体被领细胞吞食，然后领细胞失去领和鞭毛，呈变形虫状陷入中胶层，将精子带入卵受精，再经胚胎发育形成新的海绵体。

多孔动物达 1 万种以上，分为钙质海绵类、六放海绵类和寻常海绵类三纲，如白枝海绵、毛壶、偕老同穴、拂子介；矶海绵、南瓜海绵、浴用海绵；淡水中的有针海绵等。

由于多孔动物是最原始的多细胞动物，其结构和机能多与原生动物相似，无明显组织分化，无消化腔，细胞内消化，无神经系统

等。但出现了中胶层，出现了骨针、领细胞、水沟系，也出现了卵和精子，这是多孔虫类比原生动物进化的象征。

　　海绵类的经济价值很大，故受到了人们的关注，由于研究比较深入，对其开发利用也比较充分。例如，浴用海绵，其海绵丝柔软而富有弹性，吸收液体能力强，所以在医药上多用它来做药液的吸收剂及血液、脓汁的吸收剂。这在手术和伤口处理上减少了许多麻烦。工业上常把海绵用作擦拭机器的除污剂，也比较耐用。用海绵做填充物，可以减少贵重精密仪器、物品的震动和摩擦，有利于这些物品的运输和保管。多孔动物中的偕老同穴、拂子介的骨针是十分精美的装饰品。但是，有些种类生长在软体动物的贝壳上，能把贝壳封闭起来，造成贝类死亡，这对海产品贝类养殖不利，应该注意防除。除此之外，一些淡水海绵类在江、河、湖、沼中一旦大量繁殖起来，往往造成河道堵塞，导致洪水时堤岸出现险情。这种海绵一旦进入排灌设备和航船轮轴，容易造成机械损坏和航行故障，其所造成的经济损失不可估量。

腔肠动物

紧随原生动物与多孔动物之后第三个来到这个世界上的动物大概就是腔肠动物，它们的主要代表是水螅、水母和珊瑚，不少于9000种。于对水母和珊瑚，人们并不陌生，食用的海蜇就是钵水母的一种，饰物中的珊瑚就是珊瑚虫的骨骼。水螅在腔肠动物中，由于形态结构非常典型，因此具有十分珍贵的研究价值，常常用来说明腔肠动物的特征和分类特点，是腔肠动物的典型代表。

腔肠动物水螅纲中比较有代表性的有水螅、薮枝螅、简螅、钩手水母、桃花水母等。钵水母纲的海月水母、海蜇、霞水母是较常见的种类。珊瑚纲的笙珊瑚、柳珊瑚、红珊瑚、海鸡冠珊瑚、鹿角珊瑚、脑珊瑚和石芝珊瑚及海葵，千姿百态，十分好看。

在动物进化过程中，海绵动物是一个侧支，或者叫盲端，几乎再没有什么动物是从海绵类即多孔动物演化而来的了。但是，腔肠动物则不然，它是生物进化的正宗脉络，是主支，也是第一个出现的后生动物。

那么，什么是后生动物呢？就是指有了真正的体细胞分化的动物。从腔肠动物开始一直到高等动物哺乳类动物都可称为后生动物，而后生生物的开始是腔肠动物。

腔肠动物具有较高的经济价值，与人类关系极为密切，如海蜇是重要的海产品，富含营养物质和微量元素。人们还将海蜇在运动中的脉冲喷射机能和原理以及水母可预测风暴的原理，作为仿生学的研究课题，用在预报天气、制作运动器械和训练运动员方面，很有利用价值。

扁形动物

比腔肠动物高级但又比线形动物原始的是扁形动物，它们不少于1.5万种，主要分三大类，即涡虫类、吸虫类和绦虫类，代表种是真涡虫、日本血吸虫和猪绦虫。

涡虫，多海生，体不分节，但体表具有纤毛，消化系统不完全，在水中营自由生活。

吸虫，寄生生活，体不分节也无纤毛，消化道比较简单，口端有吸盘，能固着在寄主体内或体表。

绦虫，寄生生活，体分节，消化道退化消失。

这三类扁虫以涡虫最原始，发生的也最早，海生的涡虫如旋涡虫、平角涡虫；淡水中有真涡虫；而微口涡虫、笄蛭涡虫则生活在湿土中。

吸虫多为叶片状，是人与其他动物的重要寄生虫，如三代虫、指环虫、华支睾吸虫、肝片吸虫、布氏姜片虫、日本血吸虫、魏氏并殖吸虫等，约 3000 种。

在诸多种吸虫中，寄生人体的有 30 多种，寄生家畜家禽和鱼类的则更多。对人畜危害严重者是华支睾吸虫，它寄生在人及猫、狗小动物的肝脏胆管里，能引起慢性消化不良、水肿、黄疸等病症，并能引起原发性肝癌导致患者死亡。

常见的猪绦虫、牛绦虫、水泡带绦虫、犬复孔绦虫、细粒棘球绦虫、旋缘绦虫、叶槽绦虫、耳槽绦虫和阔节裂头绦虫几乎遍布世界各地。

猪绦虫白色，带状，全身有 700～1000 个节片，一般 2～8 米长。它头顶有两轮小钩 25～50 个，4 个吸盘，咬住寄主绝不脱落。它只要颈节后还有一节，就还能再长成近千节的长绦虫。它的受精卵在猪体发育成囊尾蚴。囊尾蚴进入人体在十二指肠发育成六钩蚴。六钩蚴可以破肠进入人的肌肉，如果其随血液循环进入人的大脑，则人会患疯癫症，出现阵发性昏迷、呼吸紊乱，异常痛苦。我们在日常生活一定不要吃"痘猪肉"，食肉时一定要煮熟，以便根除囊尾蚴感染。

线形动物

线虫是动物界中庞大且复杂的一个类群，已知线虫有1万～1.3万种。它们常常以动植物作为寄主，有有益的一面，也有有害的一面。

　　线虫体圆形，柱状，有的梭状，中间长、两头尖，雌雄异体。线虫大的可达1米，小的仅有0.5毫米。有的线虫生活在海水之中，有的线虫寄生在人或生物体内，如人体寄生的蛔虫、蛲虫，昆虫体内寄生的新线虫、肾膨结线虫和麦地那线虫，某些松树干内寄生的松材线虫，还有十二指肠钩口线虫、美洲板口线虫、小麦线虫等。

　　预防蛔虫主要注意卫生，饭前便后要洗手，保护水源不受污染。

环节动物——多毛类

动物演化到环节动物才具备了真正的体腔。环节，顾名思义，身体分节的动物。

除原生动物外，到目前为止，环节动物是早期出现动物中种类最多的动物，已知种类上万种。环节动物分布也广，水生的在江、

河、湖、海都有；陆生的在高山、平地、沼泽、土壤中也都存在，虽然绝大多数都能自由生活，但也有少数寄生种类。可见，环节动物活动的空间大了，它们是动物界重要的一个群体。

为什么是多毛类动物？毛长在哪儿？比如沙蚕，它的身体由几十个体节组成，每个体节两侧都生有一个片状的突起，叫疣足；疣足的边缘带"刺"，又叫刚毛。沙蚕靠它行走，靠它游泳，行动起来像无数桨划船一样，很有趣。就是因为有了这些像桨又像毛的疣足，所以这类环节动物被称为多毛类动物，这是相对蚯蚓这些无毛类动物而言。

多毛类一般生活在海水中，从海滩到浅海海底，广泛地分布着多毛类动物，如沙蚕、疣吻沙蚕、背鳞沙蚕、矶沙蚕、多鳞沙蚕、磷沙蚕；头部退化的毛翼虫、龙介虫、螺旋虫，小型原始的种类中还有角端虫、好转虫等，不少于5000种。

多毛类的重要经济价值在于它们很多都是沿海地区居民喜欢的食物，如用沙蚕制成虾酱比用纯虾制成的酱味道更独特。多毛类更是经济鱼类的天然饵料，同时，它们也是维系海洋生态系统生态平衡的重要生态因子，具有其他生物不可替代的生态作用。

环节动物——寡毛类

寡毛类，顾名思义，身体没纤毛或很少，如蚯蚓。这类环节动物多数生活在陆地上，也有些生活在淡水中。

寡毛类动物种类很多，据科学家的研究发现，仅蚯蚓就多达400多种。这类环节动物大体可分三大类，水丝蚓为一类，叫近孔寡毛类，体小、水生，常为鱼饵料；蛭蚓又一类，有吸盘似水蛭而得名，又叫前孔寡毛类；再就是后孔寡毛类，如环毛蚓。

蚯蚓比较常见，每逢雨后由于地下水位升高，它的洞穴里会充满了水，蚯蚓只能爬到地面。每当雨后，特别是大雨之后，路旁、草丛，下水道边以及树上往往都能看到它们。

蚯蚓种类多，形体差别大，颜色也不一样。例如，水丝蚓只有几毫米，而大的环毛蚓可达1米。我们常见的爱胜蚓只有5厘米左右。蚯蚓的颜色变化较大，像水丝蚓、爱胜蚓，包括日本的赤子爱胜蚓，基本为褐红色、粉红色和暗红色，而环毛蚓则为土黄偏肉色，南方森林中的蚯蚓有的为绿色、有的为蓝色，吉林长白山产的日本

杜拉蚓则为粉黄色。

　　蚯蚓是农业生产的天然朋友，经测定，蚯蚓多的土壤更加肥沃、疏松，有利于作物生长。同时，蚯蚓将粪便排在土壤中，这也为土壤增添了肥力。

　　蚯蚓是环保卫士，如果在垃圾里放养蚯蚓，只要把金属、塑料、砖、石等挑拣出来，用不了多久，原来的垃圾场就能变成肥料场。

　　蚯蚓是上好的动物性蛋白质饲料添加剂的资源，如能开发利用，是家禽、水产养殖业的重要原料源泉。

软体动物

在动物进化过程中，软体动物出现比环节动物晚，结构也比环节动物复杂、发达，身体不分节，有头、足与内脏之分。

常见的软体动物有蜗牛、田螺、河蚌、石鳖、牡蛎、扇贝、鲍鱼、

乌贼、章鱼等，种类有上万种之多。大多数软体动物都具有美丽的贝壳，人们常常称这部分软体动物为贝类动物。软体动物在动物界可谓实实在在的大家族。

软体动物中的无板类、单板类和多板类三类动物在科学研究中具有较高的学术价值，如龙女簪、新蝶贝，它们是十分稀有、珍贵的动物种类，很难寻觅。它们把软体动物的进化与环节动物紧密地连接在一起，让人们把有壳类与无壳的环节动物穿成了一条线，厘清了动物进化的脉络，展示了由简单到复杂的演化规律，说明了环境是生物进化的重要外部条件，只有环境迫使生物做出适应性改变之后，才有生物的生存和发展。

三类早期软体动物的生态价值也是不容我们忽视的，它们是其所在海洋环境的生态要素，具有不可替代的生态作用。

除多板类外，无板类和单板类都是海中的美味。

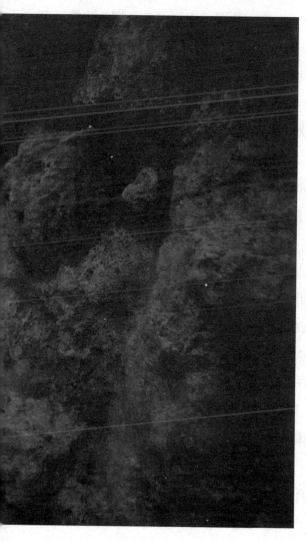

腹足软体动物

在软体动物中，腹足软体动物是最重要的一类，种类多，约8.8万种，数量大，分布广，几乎江河湖海、森林、田野都有。由于它们的头部发达，腹面都有肥厚发达的足，故名"腹足"。贝壳在背部，如田螺、螺蛳、郎君子、钉螺、骨螺、唐冠螺、豆螺、法螺、芋螺、红螺、蜘蛛贝、笔螺、蝾螺、泥螺等。也有的贝壳螺旋形不那么明显，如鲍、宝贝、绶贝和钝梭贝等。缺贝壳的腹足软体动物也有，如蜗牛、蛞蝓、海牛、海兔等。

螺蛳味美，是大众喜欢的水产品，体型小，常见的有梨形环棱螺、铜锈环棱螺，生于东北、华北、长江流域和云南、广东。法螺体大，尖且长的圆锥形贝壳常常被沿海渔民做成乐器，螺层高可达40厘米，壳口大，卵形、橙红色，壳面淡褐色、有斑点、肉可食用，壳顶穿孔可吹之有声。

鲍又称为大鲍、鲍鱼，实属贝类，与鱼较远，壳坚厚、低扁且宽，耳状，不细看螺层不明显，只是占全壳极小部分的螺旋痕迹，壳口有一列呼吸小孔，表面粗糙，内面有珍珠光泽，产于沿海各地，可食用，壳可入药，中药名为石决明。

后鳃类软体动物的鳃与心耳在心室之后，触角两对，雌雄同体，全部海产，代表种为海兔、海牛和泥螺。泥螺壳为卵形，薄且脆，白色，壳口大，表面光滑，体不能完全缩入壳内，皮肤略透明，生于浅海泥滩，全身沾满泥土。

海兔体卵圆形，头上有一对前触角和一对背触角，足扩张成两侧足，便于游泳，休息时足向上翻抱住身体，壳退化，由于其产卵

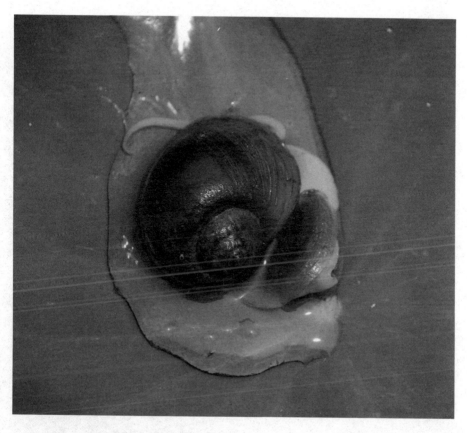

时分泌出一种粉条状胶质丝并把卵产于其中。海兔分布较广，在温带、热带海域都有分布。

肺螺类软体动物的鳃已退化，以外套膜形成的原始的"肺"进行呼吸，各神经节集中到食道前端，这些都是进化的象征。贝壳退化或消失。此类软体动物有的登陆生活在陆地上，但大多数生活在淡水中，代表种类为蜗牛。蜗牛的贝壳圆锥形，头部明显，触角两对，后对触角顶端长有眼。蜗牛能呼吸空气，活动范围很大，遇干旱或冬眠能分泌黏质堵塞壳口，以度过不良环境。

腹足软体动物是软体动物一个较大分支，具有重要的分类地位，同时具有很高的学术研究价值和生态地位。

美丽的瓣鳃类

瓣鳃类动物的最明显特点就是贝壳分左右两个瓣,而且两个瓣合抱在一起,呈足斧状,因此也叫斧足类,最具代表性

的为蚌、蛤、扇贝、牡蛎、蚬、蚶、江珧等。根据贝壳铰合齿形状、闭壳肌发达程度分为三个目，即列齿目、异柱目、真瓣鳃目。

以整体来看，瓣鳃类软体动物绝大部分是美味的水产品，是人类不可多得的食物来源，有较高的食用价值，也是重要的经济动物之一。

珍珠、石决明、牡蛎、海蜗牛都在药用方面有上佳表现。

软体动物
头足类

这是软体动物的最后一纲，包括乌贼、章鱼、蛸及罕见的鹦鹉螺等，分类地位高于其他六纲，属于软体动物中最高级的类群。

头足纲动物主要特征是身体分头、足、躯干三部分。身体两侧对称。头部发达，有脑，外被软骨所包围。有发达的眼。这是动物进化以来出现的最高级的眼，这些都使头足动物初步具备高等动物的某些特征。口中有齿舌。足分化为腕，腕环生口前四周，内侧生有吸盘，数量不等，最多可达

90条。有发达的肌肉，运动速度迅速。头足类软体动物约400种，分类依据是鳃和腕的数目。

从分类地位上看，头足类软体动物十分重要，从生态价值上看，它们是动物进化系统的重要环节，是生态系统的主角之一。

　　头足类的经济地位也十分突出。乌贼营养价值极高，在海货市场中极为抢手。再一个就是章鱼，章鱼体大，经济价值也高。另外，乌贼内壳可入药，用来消炎止血效果极佳。乌贼墨是入药的好材料，更可制墨。

节肢动物

这是当今世界上种类最多的动物类群，也是分布最广的动物类群。多到什么程度？据专家介绍，这类动物占动物总数的85%左右，分布范围包括江、河、湖、海、森林、草原、农田、村舍、高山、平原，可以说，节肢动物遍布地球的每个角落，包括南北极，还包括大气层。

节肢动物不仅包括了大量现代仍存在的种属，如龙虾、蜘蛛、昆虫、蝎子等，而且也包括了寒武纪即开始出现的种属，其中有不少是已经绝迹了的动物。

节肢动物的身体左右对称，分节，具三胚层和真体腔，整个身体分为头、胸、腹三部。其节肢动物的各部由许多环节构成，节肢动物因此得名。附肢成对地生于腹面两侧，按体节排列，每节一对。头部的附肢形成触角和上下颚，为感觉和咀嚼之用；胸部和腹部的附肢有步行、游泳或跳跃之用。

这众多的动物类群根据它们的呼吸器官、身体分部和附肢的不同，又分成七个纲或七大类。

三叶虫纲，这类动物有一对触角，身体背面从中央隆起，形成三叶状，故名三叶虫，它是节肢动物最早出现在化石中的种类，这是进化的证据。三叶虫发生在至今5.7亿年前的寒武纪，此纲动物如今已全部为化石。

甲壳纲，有两对触角，头部和胸部常愈合为头胸部，背侧有头胸甲，如虾、蟹。

肢口纲，头胸部附肢的基部包围在口的两旁，用腹部附肢内侧的书鳃呼吸，现存一种——鲎。

蛛形纲，陆生，头部螯肢发达，四对足，善行走，腹部附肢退化，用书鳃或气管呼吸，如蜘蛛。

原气管纲，身体蠕虫形，体外分节不明显，附肢具爪而不分节，如栉蚕。

多足纲，特点是身体分节明显，有头部和躯干之分，每一体节具1～2对分节的附肢，如蜈蚣、马陆。

昆虫纲，体分头、胸、腹三部，胸部具有三对足，二对翅，如蝗虫、蝴蝶、蚕蛾。

甲壳类

节肢动物是动物界种类最多的一大门类，以甲壳类为例，甲壳类的虾、蟹和它们的家族能有多少种？比较准确的数字大概是3万多种。有些早已走进人们的生活，如对虾、龙虾、河虾、螃蟹、水蚤、剑水蚤等。也有些不被人们所熟悉，如毛虾、米虾、白虾、沼虾等。其实，对它们我们也许并不陌生，如毛虾做的虾酱、虾油都是人们日常生活中常见的食品。虾、蟹都属甲壳类，其显著特点就是头胸部背面外骨骼钙化成坚硬的背甲，也叫头胸甲，它把两侧的鳃、附肢都包了起来，起保护作用。头胸甲包盖后里面形成的腔，叫鳃室。它们都有"须儿"，这是它们的感觉器，叫触角，分大触角、小触角。它的附肢为双肢型，有内肢和外肢之分。

甲壳类包括许多身体构造和生活方式极不相同的种类。大多数甲壳类动物为水栖，在淡水和咸水中均有，但以后者为主。另外，也有少数甲壳类动物生活在大陆的潮湿地带。绝大多数甲壳类动物用鳃呼吸，少数甲壳类动物没有鳃时则依赖其体面呼吸，生活方式营游泳或浮游。由于体外有坚实的甲壳，这类动物被称为甲壳动物。甲壳的成分完全为几丁，质或其中掺杂碳酸钙或磷酸钙，或完全为灰质。所以异常坚实，易保存为化石。

低等甲壳类动物的身体分头、胸、腹三部；高等的甲壳类动物的头部和胸部合成为头胸部，只分头胸和腹两部分。大部分低等甲壳类动物刚孵出时，其幼虫的身体不分节，具有单眼和附肢。而高等甲壳类动物的幼虫则没有单眼这阶段，在此阶段，它们是在卵内度过的。

对虾

对虾又名大虾，是黄海、渤海著名特产，每年春秋都洄游沿海，是中国重要的海产资源。由于常成对出售，故名对虾。

对虾的体长且侧扁，头部和胸部愈合成头胸部，具有头胸甲。其腹部包括尾部分节。其头胸甲的前端有一长而尖锐的突出部分，像一根刺或一根剑，因此叫额剑，上面边缘还有多个短棘，锯齿状，下面边缘有多个短棘。其额剑两侧有 1 对能活动的眼柄，顶端着生复眼。除尾节外，每节具 1 对附肢。尾节扇形。其附肢功能不一，触角是感觉器，像收信息的天线，大颚是咀嚼器，小颚主要把握食物，还能够扇动水流帮助呼吸。步足用来行走和捕食，腹足用来游泳。主要尾扇如舵，主要用于掌握运动的方向。

对虾主要生活在浅海，一般喜欢在夜间活动，在白天则静静地躲在隐蔽处一动不动。食物以小鱼和小虾，特别以鱼类幼苗及海中浮游生物为主。每年3月，虾群从黄海结队而来，缓缓地进入因水浅而水温升高的渤海，最后在辽东湾觅食产卵，繁殖后代。人们称这次洄游为生殖洄游。幼虾经过漫长夏季，在饵料丰富、阳光明媚的辽东湾长大后，此时，已经接

近冬季，即深秋的10月末至11月初，此时较浅的渤海即将进入冰封的冬季，水温迅速下降。这时雄虾已发育成熟，能够与雌虾交配，之后，雄虾沿着春季洄游路线返回黄海南部，以便在那里越冬，这次洄游称为越冬洄游。而雌虾在产下100万～150万粒受精卵后，便会死去。

蟹

中华绒螯蟹，俗称河蟹，淡水蟹之一。它的特点是头胸甲方圆形、螯足末端有绒毛。这种蟹生活在泥岸洞穴之中，以螺、蚌及小动物尸体为食，也吃谷物。这种蟹一般在每年秋季顺江而下，在江海或河海入口处交配产卵，雌蟹交配后往往把卵产到海里去孵化。抱卵于附肢上。第

　　二年春季到初夏时，雌蟹从海中游回入海口，逆游而上，回到上游去生活。幼虫在海中发育到大眼幼虫期随成蟹洄游。中华绒螯蟹分布广泛，北至辽宁、南到福建几乎沿海各省都有出产。

　　三疣梭子蟹，头胸甲前侧缘左右各有 9 个锯齿，最后一个锯齿特别长大向外突出，这样整个背甲就成梭形，中央有 3 个隆起的疣，故名三疣梭子蟹。这种蟹分布广，遍布沿海各地，是我国重要的经济蟹类。

肢口类——鲎

肢口动物在全世界仅 5 种，中国只有 1 种，生长在广东、福建沿海，叫鲎。

鲎身体瓢形，分头胸、腹和尾剑三部分。其头胸部马蹄形，背面有 3 条明显的隆起，单眼在其外侧，复眼在头胸甲两侧；尾剑锋利，长长地伸向后边，是防卫器官。

鲎主要生活在沙质的海底，营穴居，以蠕虫和软体动物为食。在春夏之交开始繁殖，卵产于洞穴中，个体发育与三叶虫十分相似，与三叶虫有较近的亲缘关系。鲎是节肢动物中形体最大的动物。

生物学家、仿生学家对鲎有了浓厚的研究兴趣。这一方面是因为鲎在我国仅 1 种，全世界也只有 5 种，在学术上很珍贵；另一方面，鲎的血液中含有 0.28% 的铜元素，使得它的血液呈蓝色。同时鲎的血液中有一种多功能的变形细胞，

使得血液一接触细菌就很快凝固。仿生学家认为，如果用鲨的血制成一种试剂，能迅速、灵敏地检测到人体内的细菌，也能迅速检验出食品、药物、饮品等相当多的敏感产品、物品的细菌超标或感染情况，这是一件了不起的事情。

在生理机能上，鲨也有其独特之处，它的复眼与昆虫的复眼一样由成千个小眼组成，当光线不良时，这种复眼能够突出眼眶以增大目标清晰度，扩大视野。仿生学家在它的启发下，发明了电视摄像机，电视摄像机在微弱的光线下也可以拍到理想的电视图像，这对电视事业的发展起到了巨大的推动作用。

蜘蛛纲

提到蜘蛛，人们可能不会感到陌生，在我们的周围找出几只蜘蛛，甚至找到几种蜘蛛都不算困难。蜘蛛是什么时候出现的？是由什么进化而来的？它们究竟有多少种类？与人类有什么关系？对于这些问题就不一定谁都能答出来了。蜘蛛的出现距今有4亿多年，它们是由三叶虫类动物逐渐演化发展而来的，现存种类大约能有3.6万种。它们是人类生活环境中的有机组成部分，对人类有害也有利。

蜘蛛纲除蜘蛛外，常见的蝎子、蜱、螨也属同一纲动物类群。蜘蛛纲动物的分布广泛且复杂，在地球上它们到不了的地方很少。蜘蛛纲动物全为陆生，身体分头胸部和腹部两部分，腹部有前腹部和后腹部之分，腹部前后变化很大，前腹7节，后腹5节，还具有一尾刺。呼吸器官为书肺，呼吸孔4对，位于3～6腹节上。古代的蝎可能用鳃呼吸。现代蝎和古代蝎相似，但前者属于低级组织，如志留纪的古蝎，步足几乎由同样大小的节组成，也不带爪。另外在古蝎中尚未见到呼吸孔，大致用鳃足呼吸，这一点可能说明它生活在水中。

蜘蛛纲动物的特点很明显，有6对附肢，第一对是螯肢，有锐利的钳，很强大，上面有毒腺开口，可刺杀猎物；第二对是脚须，有捕食、交配、触摸三种作用，其余4对是步足；腹部附肢变成了栉状器或纺绩器；内部构造有书肺，如同书本一样有若干页书肺页，用来进行气体交换。

蜘蛛纲动物有丝腺。不同种类的蜘蛛有不同的丝腺，已知的有8种。一般每一种蜘蛛只有1种丝腺，但圆蛛有5种。蜘蛛分泌的

丝的主要成分是蛋白质，丝十分精细，坚韧具有弹性，在排出体外后遇空气则立即变硬。

蜘蛛雌雄异体，雌大雄小，以有性生殖为主，蝎子为卵胎生。

圆蛛形体大，腹部圆且扁，背部有斑纹，腹部后端有3对纺绩突，与体内纺绩腺相通。纺绩腺分泌的透明体在流出后遇空气固化成蛛丝。它是最常见的蜘蛛，几乎整个夏天都在屋檐下结网，以小昆虫为食，在秋后以蛛丝结成茧包裹着受精卵越冬，于翌春孵化，经4次蜕皮后成熟。

狼蛛形体最大，但少见。球腹蛛、七纺器蛛、管巢蛛较常见。

多足类

多足纲动物体长且扁，分头部、胸部、腹部，头有触角一对，单眼数个，胸部、腹部由许多环节相连而成，每节具有一对或二对步足，如蜈蚣等。

蜈蚣和马陆是常见的多足纲动物，它们的种类也相当多，在1.05万种以上。蜈蚣属唇足类，马陆属倍足类，它们的共同特点是身体分头和躯干两部分；头有一对触角，有单眼无复眼，口器位腹面并伸向前方；躯干部分节明显，每节具附肢1～2对，蜈蚣1对，马陆2对。由于体节多，它们看上去浑身都是"爪"。多足纲动物的雌雄异体。

蜈蚣体扁且长，由15～177体节组成，躯干部除第一对足变成颚足和末二节无足外，其余各节具有步足1对。头部背面两侧有1对集合眼，每个集合眼包括若干单眼。头部有4对附肢，即1对触角，1对大颚和2对小颚。消化道为一直管，有唾液腺开口于前肠，通常有1对马氏管，开口于后肠，用以排出氨。气管分枝很多，形成一个管网，与每节的气门相连。神经系统为典型的节肢动物型，但已有交感神经系统。

马陆以草为食，如巨马陆，体大且长，黑褐色，生活在山区潮湿地带。

花蚰蜒，又叫草鞋子、钱串子，体灰白色，全身15节，每节一对细长的步足，最后一对特长，足易脱落，触角也较长，栖息在人类住宅内外阴湿处，以捕捉小虫为食，遍布全国。

它们对人类或有益或有害，有的可入药，有的可以捕食有害昆虫，保护生态环境和绿色植物；有的有毒，对人类有害。

昆虫

昆虫是世界上种类最多、数量最大、分布最广，与人类关系最密切的动物。全世界已知昆虫种类近100万种，占节肢动物种数的94%以上，占动物种数的3/4以上。

在动物学研究中，人们对昆虫花费的精力最多，从事的时间也最长，但是到目前为止，人们对昆虫研究留下的空白也最多。可以说，人们最熟悉的是昆虫，最陌生的也是昆虫。

昆虫的出现至今已经有3.5亿年。从重量上看，昆虫的总重量相当于人类总重量的12倍。别看它们个体小，但是它们种群数量大，加起来就不得了。例如，一只蝗虫仅2～3克重，但一个蝗虫的群体可达几万吨重，遇到蝗虫成灾，几千米的草原转眼之间就可能变成秃丘。

昆虫的繁殖力极强，1对苍蝇1年能繁殖5.5亿个子孙后代；1只蜜蜂每天可产卵1000～2000粒以上。惊人的繁殖能力是保证昆虫世代繁衍的基础，也是其维持庞大种群的关键。

　　昆虫是六足节肢动物，身体分为3个区域：头部、胸部和腹部，其身体被防水的外骨骼覆盖。

　　昆虫往往经过卵、幼虫、蛹之后再羽化为成虫；有的昆虫从卵发育成若虫，再经若虫到成虫。

昆虫的发育与变态

昆虫的个体发育从卵到成虫可分为两个阶段。前一个阶段是卵内发育，也叫胚胎发育；后一个阶段是从孵化开始到成虫性成熟，经过幼虫、蛹（若虫）、成虫三种虫态。

昆虫的卵因种类不同，其大小、形状也不同，如蝗虫的卵为长卵形，长 5～7 毫米，而赤眼蜂的卵只有 0.02 毫米。天蛾的卵为球形，地老虎的卵为半球形，蓟马的卵为肾形，椿象的卵为桶形，蝼蛄的卵为椭圆形，草铃的卵为柄形。昆虫的产卵方式也不一样，有的卵块上覆盖着厚厚的绒毛，如舞毒蛾；螳螂的卵块高高地挂在树上，入药叫螵蛸；黄刺蛾产卵后分泌一种角质物质把卵藏在其中，人们叫它"洋砬罐"，翌春幼虫咬破罐顶到外面觅食。

后一个阶段发育的第一阶段就是卵—幼虫，接着便是幼虫化蛹，然后蛹羽化成成虫。人们把这样从小到大面目皆非的虫态变化叫完全变态。蝴蝶和苍蝇是完全变态。也有不完全变态的昆虫，如蝗虫，卵孵出的是若虫，比成虫小，没翅，触角、复眼和足齐全，待到长出大翅后就接近性成熟，随之发育为成虫，它的虫态是卵—若虫—成虫，没经过幼虫期和蛹期的变化，叫不完全变态。昆虫的种类太多，分布广泛，不同的生态环境造就了生物物种的不同生活习性，生态、形态特征也随之变化，所以，除完全变态和不完全变态外，昆虫的变态还有其他方式。

幼虫的生长发育以龄期计算，在进下一个龄期前，它都要蜕皮一次，化蛹之前的幼虫叫老熟幼虫，一般老熟幼虫蜕皮一次就变为蛹。不同昆虫的幼虫期的长短也不一样，有的昆虫三龄化蛹，有的昆虫五龄不等。就是同一种昆虫也会根据环境变化而使得龄期有所变化。遇不良环境昆虫可能提前化蛹以抵御环境的伤害。

蛹的形态千差万别。柞蚕的蛹叫被蛹,有丰富的营养,被当作食品摆上了柜台。蚕化蛹之前吐丝结茧,而蛹被包在茧内,很安全。茧是丝绸原料。蜜蜂的蛹叫离蛹、裸蛹,触角、足、翅都裸露在外面,看得十分清楚。把幼虫的蜕皮当作被而把蛹围在当中,这样的蛹叫围蛹。蛹期是昆虫度过不良环境的自我保护。昆虫在蛹期不吃不动,可以几十天至几个月。

蜻蜓

蜻蜓是人们比较熟悉的昆虫。

蜻蜓有 4500 多种，几乎遍布世界各地。在我们的生活中，蜻蜓目的昆虫除了常见的蜻蜓外，还有箭蜓和形体细小颜色豆绿的豆娘。

蜻蜓头大且圆，两个又黑又绿的复眼十分威武；触角短小，呈刚毛状；两对膜质的翅显得异常有力，网状的翅脉纵横交错，前翅前缘上有两个黑黑的块状的翅痣。

蜻蜓的繁殖能力很强，幼虫的生长发育离不开水，蜻蜓自然也要近水而栖。俗语"蜻蜓点水"是指蜻蜓把卵产在水中，也有人称之为蜻蜓戏水。蜻蜓的幼虫属半变态，又叫稚虫——在水中吃蚊虫的幼虫——孑孓。蜻蜓的幼虫在整个稚虫期需要蜕皮 12 ～ 15 次，耗时 1 年左右。它们长期生活在水中，是水中有害小生物的克星。当然，这对人类就大有益处了。蜻蜓的稚虫又叫水趸，下唇很长，就像一个假面具一样翻盖在头上，有人叫这是"假脸"。水趸遇到"食物"时，下唇会突然翻出将其捕捉。

蜻蜓的口器是咀嚼式口器，蜻蜓与稚虫一样也捕获小动物为

食，通常被视为益虫。

　　鉴于蜻蜓是蚊子的克星，也是某些植物害虫的天然杀手，所以，我们应该对蜻蜓要加以保护和利用，以维持自然界的生态平衡。

　　箭蜓也叫箭尾蜓，体长79毫米，展翅达10.5毫米，黑色，有黄绿色纹，前额为暗黄色，有纵向黄条，胸部黄色，背面有"W"形状，翅透明，翅痣黑色，腹部黑色，各腹节背面有黄条纹。

蝗虫

　　蝗虫属直翅目昆虫，是中型到大型的昆虫。这类昆虫的触角丝状，长长地长在头部顶端；复眼大，卵圆形，前胸背板发达，多马鞍形；两对翅，前翅革质，后翅膜质，不飞时后翅折叠在前翅之下，足发达，适于跳跃，雌雄虫同种不同型，雌虫较大，腹部末端生有剑状的产卵器，适于将卵产于田埂上较硬的土中。雄虫偏小，腹末有附属物，

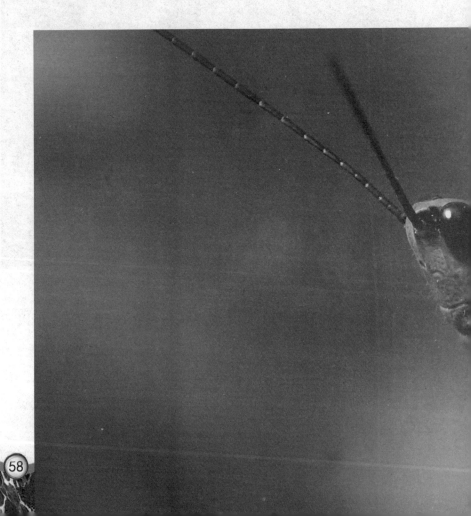

但在足的胫节和前翅前端，有的生有听器，能发出声音。

蝗虫的生活史包括卵、若虫、成虫三种形态，若虫一般蜕皮5次，即五龄后发育为成虫。

蝗虫类昆虫的种类很多，全世界已知的有1.2万种以上，常见的如蝗虫、蝼蛄、蟋蟀和螽斯等。

蝗虫喜杂食，以植物为主，对作物有害。蝗虫喜群居。据专家研究，它们的腿部受到某种刺激后便会向一起集中。有时一个集群飞起来可遮天蔽日，这时蝗虫为害最甚，可昼夜之间毁掉万亩良田。蝗虫肉可食，有丰富的营养。

蝉

蝉是蝉科昆虫的代表种类。雄蝉腹部有发音器，能连续不断发出尖锐的声音。雌蝉不发声，其腹部有听器。幼虫生活在土里，

吃植物的根，成虫吸食植物的汁。蝉属不完全变态类昆虫，由卵至若虫，需要经过数次蜕皮，不经过蛹而变为成虫。

与蝉一样同为同翅目的昆虫还有许许多多，不少于 1.6 万多种，较常见的如蚜虫、介壳虫、褐飞虱、稻叶蝉、木虱、白蜡虫等。

该类昆虫的口器多刺吸式，使得蝉能将口器伸进植物的组织里去吸吮营养，这对植物的生长不利。所以，该类昆虫大多数为害虫。

螳螂

螳螂是昆虫中较为重要的一类，分类上归属螳螂目。它们的种类不多，但地位十分突出，是深受人们关注的昆虫之一。

我国到目前为止，已经记录到的螳螂仅有4种，即螳螂、薄翅螳螂、斑螳螂和刀螂。

螳螂，体长70～95毫米，呈狭长形，绿色，有时因环境、季节变化也呈褐色。从整体形容，螳螂就是"头小，脖长，肚大、腿长"。螳螂头很小，扁圆形，小小的头上有两个大得很突出的复眼；触角鞭状。"脖长"是指螳螂前胸长，两侧都生有锯齿状的小齿。"腿长"是指螳螂的足特化成捕捉足，第一节变长，第二节又长又宽，中间还有一道沟槽，槽两边生有密密麻麻的刺，第三节变长，向内弯曲的一面有锯齿。这样的足就使得猎物根本无法逃脱。翅一般为绿色，褐色螳螂翅褐色，前翅革质，后翅膜质，前翅在螳螂不飞时盖在后翅上，革质较硬。"肚大"是指螳螂腹部大，食量也大。

螳螂生活史中个体发育为不完全变态，卵直接发育为若虫，若虫酷似成虫，只是体小且无翅，成虫以小型昆虫为食，有时也以植物充饥。螳螂喜欢森林环境，以树栖为主，时而也下树到草丛觅食。

斑螳螂稍小，俗称小刀螂，一般体长50～65毫米，灰色或暗褐色。

薄翅螳螂与斑螳螂大小差不多，体长50～60毫米，浑身碧绿色。

刀螂体长50～70毫米，绿色，前翅较薄翅螳螂厚且硬的多。前翅近于革质和膜质之间。

对螳螂的研究不只是出于它是昆虫纲的重要一目，更重要的是出于生态学研究的需要，螳螂在生态系统中特别在食物链结构中比其他昆虫处于更高一级的生态地位。

在农业害虫的生物防治中，螳螂是捕食性害虫的天敌。

蛾与蝶

鳞翅目是昆虫纲中的一大目，全世界有 14 万种以上，我国已知约 8000 种。鳞翅目昆虫主要分两大类，一类是蛾，另一类为蝶。

怎样区别蛾与蝶呢？一是看形体大小，一般蝶类形体大，蛾类小些；二是看颜色是否鲜艳，一般蝶类鲜艳夺目，蛾类暗淡；三是看触角，蝶类的触角呈棒状、球杆状，蛾类的触角成羽状、栉齿状、梳状；四是看落下后翅的状态，蝶类落下静止后，两对翅上举，蛾类落下静止后两对翅向下奋拉着呈屋脊状；五是蝶类夜伏昼出，在日间活动，而蛾类正好相反，昼伏夜出，以夜间活动为主。只要掌握了这五点，再加上日常生活中注意观察，正确地区分蛾与蝶，就不成问题了。

常见的蝶类主要有凤蝶、粉蝶、蛱蝶、斑蝶、灰蝶、弄蝶等。蛾类主要有尺蛾、舟蛾、螟蛾、夜蛾、灯蛾、天蛾、刺蛾、蚕蛾、透翅蛾等。

　　一般认为，树木的叶片发生轻度的损失反倒有利于通风、透光，有益于树木本身及林下植被的生长，所以，一定蝶和蛾幼虫的存在是生态平衡的需要。但是，过多的幼虫很容易将树木的全部叶片吃光，造成在一两个季节内甚至在一年内树木不能生长。

蜂类

蜂类前后翅都为膜质，故该目名为膜翅目。膜翅目约12万种，仅次于鞘翅目和鳞翅目。

蜂种类多，要主种类包括蜜蜂、蚁、胡蜂、姬蜂、小蜂、土蜂等。少量蜂类对人类的生产生活有一定危害，如胡蜂、白蚁。绝大部分蜂类几乎都是人类生产生活的重要帮手。蜜蜂酿蜜，

姬蜂专门把捕食钻到最隐蔽处的害虫，它用长针一样的产卵器把卵产到害虫身上，用害虫的营养来使其卵发育成幼虫、蛹和成虫，以此来消灭害虫。姬蜂的腹部和胸部出现了专门演化，第一节腹节与胸部合并成胸腹节，而第二节缩小成细腰，也叫腹柄；足5节，长且发达。小蜂一般都很小，长1～2毫米。可以利用金小蜂防治棉铃虫，利用赤眼蜂防治松毛虫，利用绒茧蜂防治杨树舟蛾，利用跳小蜂防治杨树二尾舟蛾，利用平腹小蜂防治荔枝蝽，利用啮小蜂防治水稻三化螟等。

苍蝇、蚊子、跳蚤

苍蝇、蚊子属双翅目，就是四个翅没了两个，只剩下一对前翅。为了飞行时不偏斜，其后翅变成一对小棒，又叫平衡棍。跳蚤

属蚤目，两对翅皆退化。

双翅目昆虫约9万种，是昆虫第四大目。

苍蝇，属完全变态，卵白色，小得如细沙粒。幼虫无足，前细后粗，又叫蛆。蛹为裸蛹，生活在土中。卷蝇传播50多种疾病。

蚊子，卵产水中，幼虫名孑孓，每一体节均生有棘毛，能在水

中游泳，蛹为裸蛹。蚊子能传播几十种疾病，其中，疟蚊、库蚊、伊蚊不仅刺吸人血、畜血，而且传播疟疾、血丝虫、乙型脑炎。瘿蚊类的小麦吸浆虫为害小麦。而花蝇、潜蝇为害白菜、萝卜，还传播白穗病。

蚤类体小，后足发达善跳跃。卵圆形或卵形，幼虫无足、蠕虫式、黄白色。跳蚤主要寄生于哺乳类或鸟类体外，刺吸血液并传播疾病。

苍蝇，可以被开发成动物性蛋白质饲料源，能创造一定人的价值。

69

古无脊椎动物化石

研究古无脊椎动物的主要依据是化石。化石埋藏于地质层中很难寻找，所以，很难完整、系统地反应古无脊椎动物的全貌。

已经找到的古原生动物化石包括有孔虫化石、放射虫化石、牙形刺化石等，种类和数量都很少。

古腔肠动物化石有层孔虫化石，而更多的化石是珊瑚虫以后的无脊椎类动物的，它们有了石灰质的壳、骨针等。

四射珊瑚像竹子的根，倒圆锥状，底部根数条分枝。

六射珊瑚去壳的核桃的骨骼为石灰质，有横板、隔壁等构造，隔壁数常成6的倍数。

床板珊瑚，群体生活，骨骼形状多样，由石灰质的圆筒状或多角状个体构成，个体间或以壁孔，或以其他方式相接。个体内部有床板及其他隔壁组织。

日射珊瑚也叫太阳珊瑚，骨骼圆筒状，隔壁数为12。

拖鞋珊瑚，形似拖鞋，体外部有一个半圆形萼盖。

链状珊瑚，横切面骨骼连成链状。

苔藓虫化石，群体，形状变化大，有块状、枝状、半圆球状、薄板状、漏斗状等，如笛苔藓虫、窗格苔藓虫、膜状苔藓虫等。

腕足动物中有石燕、长身贝、扭月贝、云南贝、正形贝、扬子贝、无洞贝、五房贝等。

软体动物中有假髻蛤、丽蚌、克氏蛤、褶翅蛤、脊旋螺、神螺、全脐螺、盘螺、似玉螺、狭口螺；还有竹节石、阿门角石、震旦角石、菊石、齿菊石、腹菊石、白羊石、箭石。

节肢动物有三叶虫、球接子虫、王冠虫、蝙蝠石、莱得利基石、蒿里山虫、叶肢介、土菱介、豆石介、瘤石介、阔翅类。

棘皮动物有海蕾、海林檎、海百合、海胆。

此外，还有分类地位尚未确定的，如笔石、正笔石、树形笔石、对笔石、双笔石、单笔石、网格笔石等。

这些古无脊椎化石相去已经几亿年，十几亿年甚至几十亿年了，它们是古无脊椎动物曾经存在的佐证。这些化石向人们展示了生物演化发展的客观规律，每一块化石都是一块"历史教科书"，异常珍贵，具有较高的学术价值。

古无脊椎动物的挖掘还在有组织地进行，新的成果、新的发现还会不断地提供大量的佐证。

第二章
脊椎动物

动物进化到脊椎动物，开始有了真正的骨骼，特别是出现了脊椎。动物到了什么时候才出现了真正的脊椎骨的呢？那就是鱼的出现。鱼才具备了真正的脊椎，鱼以后的动物不但脊椎愈来愈进化，愈来愈完善，而且围绕脊椎逐渐形成了骨骼系统，逐渐把全身的脏器包裹起来。骨骼在肌肉的拉动下使得动作幅度越来越大，肌肉也越来越发达。动物的运动加强，活动范围扩大，随时都可能遇到情况变化，引起了神经反射加强、脑的活动量加大，视感发达，食量增加，消化、循环、呼吸、排泄等一系列功能加强……这就是动物进化的连锁反应。

圆口类

在脊椎动物中，圆口类动物是最低等的，它们的代表为七鳃鳗和盲鳗。这些动物主要生活于海水或淡水中，靠寄生和半寄生生活。

什么是圆口？就是没有上颌和下颌，也没有真正的牙齿，唯一的齿是由表皮演化而来的。

圆口类动物有什么特征？它们没有附肢也没有胸鳍、腹鳍，腹面光滑；骨骼全为软骨，脊索终生保留，没有脊椎骨；口漏斗状；鼻孔1个，开口于头顶中线。鳃位于鳃囊中。该类动物常见种为七鳃鳗。

七鳃鳗，皮肤光滑，只有背鳍和尾鳍。口呈漏斗状，为吸盘式构造，内有黄色的角质齿。其头两侧有眼1对，眼后有7个鳃孔，故名七鳃鳗。其表皮分布有黏液腺，能分泌大量黏液。七思鳗长达500毫米，青灰色，第二背鳍上半部和尾鳍黑色，尾鳍矛状。

七鳃鳗与大马哈鱼一样，都是属于河里生海里长，最后年老时还要"落叶归根"，从几千里外的海洋赶到它自己的出生地，产完卵之后，便寿终正寝了。

鱼类

鱼是人类食物的来源之一。鱼在水生生态系统中占据着重要的生态位置，扮演着重要角色。鱼身被鳞片，用鳍游泳，用鳃呼吸，以上颌和下颌合开动作捕获食物，终生离不开水。

环境不同，水的密度、浮力、阻力、含氧、温度、酸碱度和通透压都有很大差别，生活在不同环境中的鱼，在结构、形态、生理、习性等方面也存在诸多变化。也可以说，不同环境塑造出不同的鱼种。

鱼的形体有纺锤形、侧扁形、平扁形和棍棒形之分。鲤鱼、鲫鱼、鲨鱼、鲐鱼呈明显的纺锤形。武昌鱼、鳊花鱼身体侧扁，鳐鱼身体呈扁平形。鳝鱼、鳗鱼等棍棒形体形。纺锤形体形适于游泳，为标准的流线型，在水中不同深度都无大碍。侧扁形与平扁形都不如纺锤形，这两种体形的鱼往往更适合生活在水流平稳的中下层。为棍棒形，能从其他鱼的鱼鳃钻入鱼体去寄生。黄鳝喜欢穴居，其体形便于其在泥沙、岩礁间穿行。

鳍是有利于鱼在游泳时保持平衡。鳍分偶鳍和奇鳍，奇鳍1个，如背鳍、臀鳍和尾鳍；偶鳍1对，如胸鳍和腹鳍。尾鳍如舵，使鱼保持足够前进方向。

鱼的骨骼分头骨和脊柱。头骨包括脑颅和咽颅，是脑和咽部的保护器。脑颅骨十分复杂，硬骨鱼的脑颅骨达130块以上。脊柱分躯干椎和尾椎。鳍骨主要支持鳍条，坚固鳍的强度。

鱼类肌肉发达，身体两侧为轴肌，头部为鳃节肌和眼肌，眼肌由6条动眼肌组成。某些鱼类，如电鳐、电鳗，肌肉特化为发电器

官，能产生70～80伏特电压，最高时可达600伏特，足以让敌人死亡。

鱼的消化系统由消化管组成。上有口、咽，口有上下颌、腭骨、犁骨，咽有咽喉齿。鱼的食道短，胃、肠、肛门主要负责消化，还有了肝、胰、胆、脾等消化腺和肾等排泄器官。鱼用鳃呼吸，鳔可辅助呼吸。心脏单独在一腔中，一心房一心室。动脉血和静脉血在鳃中进行气体交换。鱼类雌雄异体，卵生。

鱼纲分15目，总共约2400种，我国约2000种，其中2/3为海产。这15目分别为鲨目、鳐目、鲛目、肺鱼目、总鳍鱼目、鲟形目、鲀形目、鲤形目、鳗鲡目、鳕形目、鳉形目、合鳃目、鲈形目、鲽形目、而肺鱼。总鳍鱼是古代鱼种，现存种类很少。

鱼类的起源与演化

鱼是怎样演化来的？这个争论了几百年的问题至今还缺乏直接的证据。不过根据已经掌握的资料，科学家比较一致的认识是：现代各种各样的鱼类都是由盾皮鱼类发展演化而来的。盾皮鱼的化石已经找到，它发生在 4.4 亿年前，持续了 4000 万～ 5000 万年时间，一直到 4 亿年前才大部分绝灭。这已经在地质挖掘中得到证明。盾皮鱼体被盾一样的骨质甲板，与古代的甲胄鱼相似，但比甲胄鱼进化，头甲与胸甲之间有关节，能稍微活动，尤其出现了成对的鼻孔、偶鳍和上下颌，这说明盾皮鱼属于有颌类，比它以前的无颌类在感觉、运动、摄食等方面进化了一步。

4 亿年前正是地球上鱼类最繁盛的时期，有专家称这一时期为鱼类时代。

到了鱼类时代后期，地球的地质状况发生了巨大的变化，海洋与陆地的位置出现了大的移动，陆地板块撞击形成了隆起的高山大川，原本处于不同气候条件下的陆地的位置变了，一切都随之改变。

陆地面积在造山运动中变得更大，气候干旱、炎热。第一个受到冲击的就是淡水鱼类，短时间内河川断流，水域枯竭，水温也上升了许多，大多数淡水鱼类在这样的环境条件下灭绝了。而有些淡水鱼类在从干枯水域转移的过程中，因找到新的水域或沼泽地而得以生存。有一部分盾皮鱼来到大海，演化为早期的软骨鱼。那些在陆地上生活下来的鱼，在咽喉处出现了"肺"，后来这种肺深入体腔，使得这些鱼在鳃呼吸困难时可以进行肺呼吸，这就是早期的硬骨鱼类。

迁居入海的早期软骨鱼又是怎样适应海水环境生活下来的呢？据专家推测，它们体内的水分在海水渗透压的作用下不断向外渗透这些鱼在长期适应中，体内出现了一种能够调节渗透压的功能，就是将一些含氮的废物转化为尿素，以 2% ～ 2.5% 的浓度保存在血液中。这样就提高了这些鱼体液的浓度，保持了鱼体内外渗透压的平衡，使得它们在海水中生存下来。

鱼类在生殖方面也出现了适应海洋生活的两种变化：一是卵，如果产在海水中就很可能孵化不了下一代。所以，海水中的鱼类产的卵要么是受精卵，卵壳坚固对卵有了充分保护；要么实行卵胎生，卵在母体内发育成幼虫后再生下。有的雌鱼出现了交接器官——鳍脚。

长出"肺"的早期硬骨鱼后来分化为古鳕鱼类、肺鱼类和总鳍鱼类。古鳕鱼在淡水中生活，在气候变好后，水量丰沛，它的"肺"也就没用了，变成了专司沉降作用的鳔，这就是现代大多数鱼类的祖先。肺鱼是一种特化的鱼类，前面已经专述，不再赘述。总鳍鱼类由于具有内鼻孔、肉叶状偶鳍和"肺"，在水域干枯时爬上陆地，成为两栖类。

鲨目

鲨是海洋生态系统中重要的生态因子，是海洋食物链结构的高级代表。

鲨有多种，全世界有鲨鱼250～300种，中国有130多种。

鲨身体呈纺锤形，鳃裂明显，位于头的两边。鲨为食肉类，成鲨体长1～4米，大的种类重可达250千克。鲨的代表种有扁头哈那鲨、双髻鲨、白斑星鲨、锯鲨、扁鲨等。

扁头哈那鲨体大，长可达4米，体重一般250千克，鳃裂7对，背鳍1个。这种鲨性情十分凶猛，主要食物是中小型鱼类和甲壳动物，卵胎生，每产十余尾。它属近海底层栖息的动物，游泳时动作缓慢，显得悠闲自得和傲慢。扁头哈那鲨分布于地中海、印度洋及太平洋西北部，我国产于黄海和东海。其肉可食；肝脏含脂70%，可制取鱼肝

油；皮可制革。

鲸鲨，体型粗大，体的两侧各具有两个显著的皮嵴，体长可达20米，重万斤以上，是鱼类之中体型最大的种类。鲸鲨体呈灰褐色或青褐色，具有许多黄色斑点或横纹，口宽端位，牙细小；鳃耙呈海绵状，适于滤食。鲸鲨属大洋性鱼类，常长距离洄游在世界各大洋间。其性情温和，不袭击人类和船只，以浮游生物为食，偶尔捕获小型鱼类。鲸鲨的肝油是机械用高级润滑油，亦可制肥皂，肉、骨、脏器可制鱼粉，皮可制革。

鳐目

鳐身体扁平，整体呈菱形或圆盘形。鳐有鳃裂，由于它身体扁平，所以鳃裂在头部的腹面。这种鱼一般生活在海水的底部，属底栖类，分布在我国沿海各地。

鳐口在腹面，牙铺石状，鳃裂5个，背鳍多为2个，也有1个或无。臀鳍消失；尾鳍小或无。有些种类在胸鳍或头侧之间或在尾侧有一对发电器。鳐主要食贝类、小鱼、小虾，我国有50余种，代表种有锯鳐、犁头鳐、鳐、蝠鲼、电鳐等。

锯鳐，外形酷似锯鲨，鳃裂在头部腹面，体较粗壮，体长可达5米，体呈暗褐色。其吻呈剑状前突、边缘具有较大的锯齿，如同伸出一把锯条一样。锯鳐主要生活在浅海，常常潜伏在泥沙之中，主要取食甲壳类。锯鳐主要分布于红海、印度洋和太平洋，我国南海、东海南部亦产。其肉可食，鳍可制鱼翅，肝可制鱼油。

犁头鳐，身体扁平，前部像耕地的铧犁，故得名犁头鳐。其体长约1米，褐色，吻突出，口腹位，牙铺石状排列，眼大，上位；背鳍2个，胸鳍宽大，尾鳍狭小。该鱼属底栖鱼类，卵胎生，食物以甲壳类和贝类为主，主要分布在我国及朝鲜、日本沿海。犁头鳐肉可食，皮制革，头侧有透明组织可干制名贵海味——明骨。

肺鱼与总鳍鱼

肺鱼和总鳍鱼类都用肺呼吸，但这个肺并非后来动物的肺脏，而只是原始的肺，实际上只是位于体内的鳔。鳔中充满空气，可以用来调节内压以便使鱼进行上浮和下潜，鱼类可以在水中缺氧时通过鳔吸收一定的氧气。另外，它们具有一个内鼻孔。它们的骨骼为软骨，偶鳍具中轴骨，两侧有辐鳍骨对生，故称双列式偶鳍。

肺鱼全世界仅发现三属，即澳洲肺鱼、非洲肺鱼和美洲肺鱼。它们都是淡水鱼。澳洲肺鱼在低氧的水中能以鳔呼吸空气。非洲肺鱼和美洲肺鱼在枯水时也能用鳔呼吸空气；当水域干涸时，它们便钻进淤泥休眠，数月不吃不动，直到雨季来临。

肺鱼中只有澳洲肺鱼的身体被大块鳞片，而非洲肺鱼和美洲肺鱼的身体光滑如鳗类。

总鳍鱼偶鳍肉质叶片状，肌肉发达且外被鳞片，鳍内骨骼的排列与陆生脊椎动物的肢骨已经十分相似。在生活的水域干涸或缺氧时，它们能以鳔呼吸空气，以肉叶片状的偶鳍支撑身体，爬越沼泽，寻找新的水域。专家认为，正是总鳍鱼经过长期的演化后，登上陆起，进化为两栖类动物的。

　　这些生动地向人们展示出生物进化的客观规律，同时向人们揭示了脊椎动物从水生过渡到陆地生活的客观过程。

鲱形目

鲱形目的鱼几乎都是十分名贵的鱼类，如鲥鱼、鳓鱼、大银鱼、大马哈鱼等。

鲱鱼类的身体结构保留了一些原始状态，如骨化不完全，尤其头骨明显；背鳍、臀鳍无棘，鳍条柔软而分节；腹鳍的鳞为圆鳞；鳔有鳔管。

鲱也叫作青鱼，这种鱼背部多青黑色，腹面银白色，体延长，侧扁，体长只有200毫米，属小型鱼类。鲱喜欢在冷水环境中生活，所以北太平洋分布较多，我国黄海、渤海都有大量出产。鲱鱼肉含油量高，鲜食最佳。鲱主要以浮游生物为食，春季产卵，卵具黏性。

鲥鱼体大，一般可达700毫米，体色呈银白色。它的上颌中间有一个缺口，下颌中间有一个突起，上颌和下颌并拢时正好嵌镶在一起。它的腹部有棱鳞。鲥生在江河、长在大海，我国的幼鱼长成后便沿长江溯河而上，再从长江进入各沿江河口，在各大河流产卵。

卵发育成幼鱼后，幼鱼再顺水经由长江来到大海生长发育。我长江下游、扬州、南通、镇江等都有鲥鱼生产。

　　大马哈鱼，也叫鲑鱼，体长，侧扁，长约 600 毫米，银灰色，常具绯色宽斑；口大，牙尖锐。体被小圆鳞；背鳍和脂鳍各 1 个，尾鳍凹入。该鱼性情凶猛，以小鱼为食，是典型的江里生、海里长，最后死到生它的老地方的鱼类。

鲤形目

青、草、鲢、鳙四大家鱼属于鲤形目。这一目种类繁多，我国有约 500 种以上，全世界的鲤形目在 1000 种以上。鲤形目鱼类特征是：前四块脊椎骨愈合，体被圆鳞或裸露，代表种有鲤、鲫、青、草、鲢、鳙、鳊等。

鲤鱼为人们所熟悉，常作为鱼纲代表供人们学习和解剖实验。鲤鱼体较长，颌下有两对须，咽喉齿 3 行。鲫鱼体稍短，颌下无须，咽喉齿 1 行。鲤和鲫在外形上很好区别，鲫鱼宽，尾部鳞片无红色或金黄色；鲤鱼比鲫鱼体长，鳞片多有红色光泽，有的为金色。鲤、鲫栖息在江河湖沼，生活范围极广，食性较杂，生长缓慢，但肉味鲜美。它们在游泳时姿态优美，活动灵活。金鱼由鲫鱼演化而来，是经过人工选择和定向培育而形成的供人们观赏的品种。

我国养鲤、鲫已经有2400多年历史，积累了丰富的养殖经验，鲤、鲫是人们生活、生产中不可缺少的食品和工业原料。金鱼体短且肥，尾鳍呈四片叶片状，颜色为红、橙、紫、蓝、古铜、墨、银白，还有五花、透明等品种。金鱼大体可分三类：一是文种，体型近普通鱼，但鳍发达，尾鳍分叉，体像"文"字，如鹅头、珍珠鳞等；二是龙种，两眼突出，鳍特发达，如龙睛等；三是蛋种，无背鳍，如蛋球、虎头、水泡眼、丹凤等。

鳗鲡目

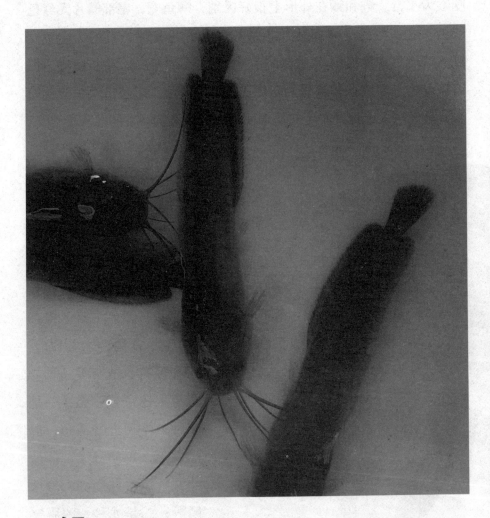

鳗鲡亦称白鳝，体长，圆筒形，体长可达600毫米，形如泥鳅；背鳍退化，与臀鳍、尾鳍连成一起，腹鳍无；鳞片细小，隐于皮下。成鳗于每年秋季游到深海产卵，幼鳗如柳叶，身体透明，经变态后再进入淡水，在淡水中生长发育。我国东南沿海盛产鳗鱼。这类鱼喜欢由东海溯江而到长江下游生长。鳗鱼肉质细嫩，富含脂肪，为食用鱼类中之上等品。其近缘种类有花鳗、中华鳗等。

平时雌鳗鱼与雄鳗鱼分开一定距离而居，雌鳗鱼一般生活于江河下游，雄鳗鱼则只在河口附近生活。待性成熟后，雌鳗鱼才来到河口与雄鳗鱼共同游到深海中去繁殖。一旦繁殖结束，雌雄亲鱼便双双死去，幼鱼在变态后进入江河中生长。鳗类的这种游动方式叫降河洄游。

海鳗，又称为狼牙鳝。从名字上就可以看出，该类鳗鱼性情凶猛。其身体长筒形，长可达1米以上；体色银灰；口大，牙大而且尖锐；背鳍、臀鳍与尾鳍相连接，无腹鳍；无鳞。海鳗为肉食性，底栖生活，主要分布在红海、印度洋和西太平洋水域，我国沿海各省均有出产。海鳗肉嫩鲜美，适合鲜食鱼肉也可制成罐头、鳗鲞；鳔可制干，肝可制鱼肝油。

星鳗，体较小，一般体长400毫米左右，长圆筒形，尾部侧扁；口宽大，舌常常伸出口外；身细且小，排列紧密，无犬牙。它的背鳍、臀鳍与尾鳍相连接，胸鳍狭长而腹鳍消失。鱼体背侧面呈灰褐色，下部灰白色，侧线孔和侧线上方有白斑。星鳗在我国主要分布在黄海、东海海域。星鳗是一类比较广泛分布的鱼类，亦为食用鱼类之一。

有一种鳗可发电，叫电鳗。当有其他动物接近电鳗时，电鳗便可能急剧放电，电压很高，足以击退入侵者，也可击昏鱼或虾然后食之。电鳗体长2米以上，身体表面无鳞，肛门位于胸部，背鳍与臀鳍低而长，胸鳍小，腹鳍消失。电鳗体侧有两对发电器，能发射强烈的电流，甚至有时能击毙渡河的马、牛等大型动物。电鳗分布于南美洲的亚马孙河及奥皇诺科河。

鲈形目

在鱼纲中，鲈形目是最大的一目，世界上有8000多种。常见的品种有鲈鱼、小黄鱼、大黄鱼、带鱼、鲐鱼、银鲳、真鲷、鳜等。

鲈形目鱼类的共同特征是鳍上生有硬棘，背鳍由两部分组成，前部为硬棘，后部为软鳍条。其胸鳍位于胸部，个别种的胸鳍位于喉部，鳞为栉鳞，鳔无鳔管。

鲈鱼，口大且倾斜，下颌长于上颌，体侧和背鳍的鳍棘上布满黑色斑点；前鳃盖的后缘有锯齿，后角有一大棘，向后下方有三棘。鲈鱼体长600毫米，主要栖于近海，早春在入海口附近产卵。鲈鱼性凶猛，以鱼、虾为食，分布于我国沿海。鲈鱼体大，生长快，是主要水产品之一。

黄鲈，体侧扁，前部高且隆起，体型较小，一般体长150毫米左右，淡黄色，有2条棕色横带；口大，下颌稍突出；鳞为细小栉鳞；背鳍两个基部相连，尾鳍圆形。黄鲈分布于我国东海、南海，以及日本、印度、印尼等地。

石斑鱼，属于大中型暖水鱼，如红点石斑鱼、青石斑鱼、网纹石斑鱼等。石斑鱼身体侧扁，色彩变化很大，常呈褐色或红色，并具条纹和斑点；口大，牙细而尖；背鳍和臀鳍棘发达。石斑鱼肉质鲜美，是著名的水产品。

鳜鱼，又称桂鱼，体侧扁、背部隆起，体长600毫米左右，体色青黄，具不规则黑色斑纹；口大，下颌突出；背鳍1个，硬棘发达；鳞细小，圆形。鳜鱼凶猛，以小型鱼虾为食。古人云，"桃花流水鳜鱼肥"，春季是鳜鱼最好吃的季节。鳜鱼肉质鲜嫩，生长快。

　　小黄鱼和大黄鱼的大小不同。小黄鱼颏部有 2 个孔，头部黏液腺发达，鳔在集群洄游繁殖时能发出声响，尾柄长是高的 2 倍。大黄鱼体大，颏部 4 个孔，鳞片较小。

　　带鱼，身体延长侧扁，体形如带，银白色，无鳞，无腹鳍，尾细如鞭，牙齿强大；下颌突出，前端有犬牙 1～2 对；背鳍很长，胸鳍很小，臀鳍鳍条退化呈短刺状，体长 1 米有余。带鱼为洄游性鱼类，有昼夜垂直移动的习性，白天结群栖于中下层水域，晚间上升到表层。带鱼性凶猛，贪食鱼类、毛虾类和乌贼等，主要分布在太平洋和印度洋，我国沿海水域均有出产，与鳓鱼、大黄鱼、小黄鱼合称为我国四大海产鱼类。带鱼肉鲜食、腌制均可，内脏可加工鱼粉；鳞可提取光鳞、海生汀、珍珠素、咖啡碱、咖啡因等，是药用和工业用原料。

　　鲈形目种类多，种群庞大，经济价值高，为我国水产业重要的鱼类资源。

鲀形目

提到鲀，人们自然会联想到马面鱼。马面鱼是鲀的一种，也叫马面鲀。鲀形目还有虫纹东方鲀、翻车鱼等。鲀类鱼体短小，体表无鳞，被粒状鳞，体形圆筒状，侧扁或呈多边形；口小，颌不能伸缩，牙门齿状，圆锥状或愈合成牙板，鳃孔小。有的种类有气囊，遇到敌害能充气使鱼体鼓胀如球，使鱼漂浮在水面以自卫。鲀在海水、淡水中的都有，行动迟缓，以小型无脊椎动物为食。其分布也极广泛，各大水域都有。其代表种有三刺鲀、鳞鲀、箱鲀、河豚、绿鳍马面鲀、弓斑东方鲀等。

绿鳍马面鲀，又叫剥皮鱼，鱼体呈长椭圆形，体侧扁，一般长120～210毫米，体色蓝黑，体侧具不规则暗色斑块，第二背鳍、臀鳍、尾鳍和胸鳍皆为绿色；体表无鳞，食用时剥掉的表皮布满疙瘩，实际上是粒状鳞；吻长；口小，位于体的前端；牙门齿状；两腹鳍退化短棘。该鱼为暖海性底栖鱼类，以海底小生物为食，在深海水域越冬，每年4～5月产卵，我国分布于东海、黄海、渤海。绿鳍马面鲀肉可食，并可制成鱼粉。其近似种有密斑马面鲀。

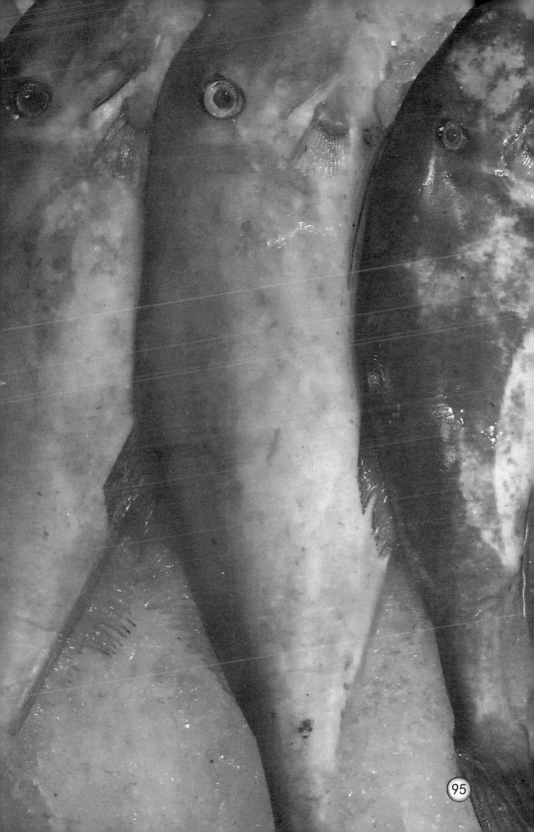

两栖动物

两栖，即生活在两种环境中，这里指的是既能生活在水里，又能生活在陆地上。我们常见的两栖动物包括青蛙、蟾蜍。两栖动物既有水生动物的特点，又有陆生动物的某些特征，这在它们的形态结构、生理功能和个体发育等各方面都明显地表现出来。

第一，它们的皮肤不再被鳞，但表皮却轻度角质化，这有利于减少它们体内水分的蒸发；同时，皮肤充满丰富的皮肤腺和血管，

具有辅助呼吸的作用。

第二，它们的骨骼已经发育得与陆生动物一样，头骨、脊柱形成可动关节；脊柱分化为颈椎、躯干椎、荐椎和尾椎，出现了胸骨，四肢骨骼有了五趾型附肢。

第三，幼体有鳃，成体有较发达的肺脏。

第四，成体有具备二心房一心室的心脏，但幼体仍旧一心房一心室。

第五，大脑两半球完全分开，这是高等动物的普遍特征。

这五大特征说明两栖动物远比鱼类进步，它们的这些特点既保

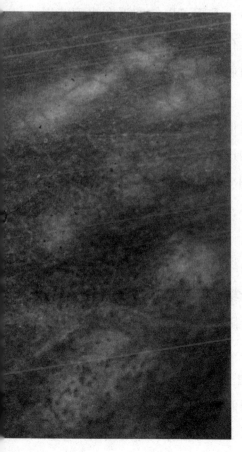

证它们可以完全适应陆生生活的环境，同时又保证它们有广泛的活动空间，这对于它们扩大觅食范围，在更好的环境中生长、发育及发展、进化，都具有十分重要的意义。

尽管如此，两栖动物仍然保留着许多原始特性，有些形态构造、生理特点和个体发育过程中的某些特征仍然处于较低的发展阶段，比较典型的物证是体温不恒定，卵小、卵黄少，卵的表面裸露，缺乏必要的保护结构。胚胎在发育过程中无羊膜，幼体生活于水中，个体发育需要变态等，都使它的演化发展受到一定限制。

两栖类的生物生态学特性

以蛙为例，我们来探讨两栖类的生物生态学特性。

蛙一般在春天产卵。它们多半在乍暖还寒雪化冰消但冰刚刚融化了表层、深水或深土中仍然有冻的时候开始抱对。蛙的卵块很大，泡沫状的外面充满了黏液，一块卵块有一大捧。卵的外面包有胶质膜，一方面防止卵与卵贴在一起，另一方面可以使卵浮在水面能得到较多的阳光。更多的蛙把卵直接产在水塘边、田埂上，这有利于卵的发育。受精卵产出后3～4小时就开始卵内发育，经4～5天小蝌蚪即可孵出。

蝌蚪头部有羽状外鳃，内部构造似鱼，一心房一心室，尾长似鱼的尾鳍。蝌蚪以植物为食。变态的过程是先长出四肢，然后鳃和尾消失，最后经过内部构造的一系列变化，发育为成蛙。大约3个月后，蝌蚪变为幼蛙。幼蛙除体型小，体内生殖腺未发育完全外，其他已经与成蛙大致不二。

幼蛙活动范围明显扩大，食性由以植物为食变为主要以昆虫为食、同时，幼蛙也喜欢食用水边、土壤中的小动物，如水丝蚓、浮游生物、蚯蚓、蚊子的幼虫孑孓等。随着发育，幼蛙的食量大增，它每天都要消耗大量的害虫。

每年9月26日前后（东北），由于寒流入侵，气温渐变，一般都要有几场小雨。这时，为摄取食物而上山寻找食物的蛙类，便会在这几天之内，趁小雨连夜下山。蛙下山时循着一定的路线一个接着一个地下来。这路线也叫蛤蟆道。

幼蛙在下山后一般会到河塘中于深水处聚集在一起进入冬眠。蛙类在冬眠时有时将身体钻入水下软泥或湿土中。此时，它们不吃不动，靠体内积蓄的脂肪来维持微弱的新陈代谢。翌春之后，春暖花开之时，蛙类就会醒过来。大约经过 3 个冬夏，幼蛙才能完全成熟。

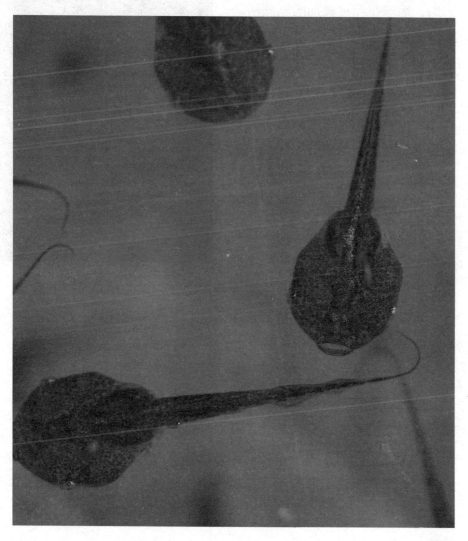

两栖动物的起源

在距今 4 亿多年前的泥盆纪末期，地球在经过长期的剧烈活动后进入了一个相对稳定、平和的时期。在这个时期，几乎风和日丽，雨顺物丰，动物、植物都获得了适宜的生长条件，出现了高速率的繁殖和增长期。炎热潮湿的气候、充足的光照使得当时的植物首先受益。高大的羊齿植物、木贼类植物是当时陆地生态系统的主体，到处是几十米高的树木，宽大的叶片把林下遮得闷热潮湿。尤其在水源充沛的地方，这类植物长得异常茂盛。地面的落叶层加速腐烂，水中的落叶层也加速分解，这就消耗了水中大量的氧气，使得水域变小变浅，落叶分解使水质污染变臭，水中的鱼类大批死亡。

这种情况给具有原始肺结构的总鳍鱼类创造了进一步演化的客观条件。它们有肺，有内鼻孔，可以将鼻的部位扬起来露出水面从而得到空气中的氧；另外，它们还有特化成肉叶状的偶鳍，当环境迫使它们不得不离开其生活水域时，它们便试着用鳍爬行离开干枯的水域。当它们爬行到另一水域中免去了被环境淘汰后，它们便敢

于用鳍来代步向更好的环境转移。久而久之，鳍在反复爬行中变成了附肢——腿。而鳃的使用由于陆生环境的增多而渐渐减少，最后让位于肺。就这样，在水中生活的总鳍鱼最终演化为早期的两栖动物。

鱼石螈化石发掘于北美洲的格陵兰，出土于泥盆纪地质层中。它与总鳍鱼十分相似，有鱼类和两栖类的共同特点。它的骨骼中头骨全被膜性骨所覆盖，骨片数量与排列方式似鱼；身体侧扁，体表覆盖小鳞片，似鱼；具有五趾型附肢，似两栖类；肩带与头骨无联系，似两栖类。

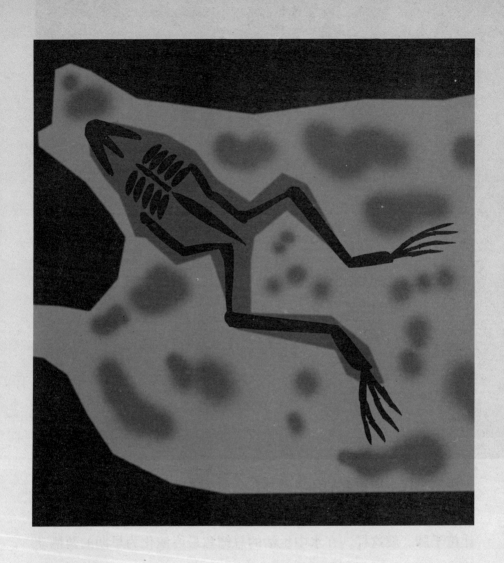

蛙类

蛙类是两栖动物中结构最复杂的种类，也是种类最多、分布最广的一目。这类动物特点都很明显——头部三角形，颈部不明显，四肢发达，后肢适于跳跃和游泳，无尾等。

青蛙，又叫黑斑蛙、田鸡，是常见种类。青蛙体长约80毫米，背部黄绿色、深绿色或黄灰棕色，有黑斑；腹面白色；头扁且宽，呈三角形；眼圆而突出；鼓膜显著；鼻孔小，口大；舌扁平，舌根附于下颌，舌尖分叉，向喉，能突然翻出口外。雄蛙在口角两旁有一对外声囊。青蛙趾间有蹼，皮肤较光滑，有背侧褶两个，其间有4～6行不规则的短肤褶；背面中央常有浅色脊浅1条。青蛙栖息于河流、池塘、稻田和沼泽地中，多选择有草和水的环境，这种环境一方面有利于其隐蔽身体，免遭敌害，另一方面昆虫丰富，使得蛙的食物充足。

金线蛙，比青蛙小，体长约50毫米，背面绿色或橄榄绿色，有2条宽的棕黄色背侧褶；股的后方有一条黄色和一条褐色的纵纹；腹面黄色，背侧有褶宽厚；背面和体侧有分散的疣粒，趾间近全蹼。雄蛙在咽侧有内声囊1对，鸣声响亮。金线蛙生活于池塘、湖沼之内，分布于我国各省。

哈士蟆，又叫中国林蛙，体长60～70毫米，雌蛙可达90毫米。该蛙背部土灰色，散布着黄色和红色斑点，鼓膜处有一深色的三角斑；四肢有清晰的横纹；腹面乳白色，散有红色斑点；背侧褶在鼓膜上方斜向外侧，随即又折向中线；第一指上灰色指垫极发达；趾间有蹼。雄蛙咽侧下方有一对内声囊。该蛙主要分布于我国东北、华北和西北地区。喜欢生活于阴湿的山坡树丛之中，冬季群集于河水深处石块下冬眠，于早春产卵。

蝾与鲵

蝾有两类，一类无足，另一类有足，都有尾。蝾的代表种中无足类代表为蚓蝾、鱼蝾，有足类代表为蝾螈、美西蝾、虎蝾、瘰蝾、肥蝾等。

蚓蝾，体长约400毫米，体表有环状缢，不仔细辨认会被误认为环节动物，潜行土中，眼退化。蚓蝾分布于南美洲的巴西、圭亚那、秘鲁和厄瓜多尔等地。

鱼蝾，体长300～400毫米，体呈暗褐色或暗绿色，两侧有纵向的黄色带状斑纹，皮肤内有细鳞。雌性鱼蝾产卵于水边穴中，常常盘卷身体把卵围在正中，这是一种保护下一代的本能。鱼蝾分布于印度、斯里兰卡、马来半岛等地。

蝾螈比蚓蝾、蛇蝾进化，它有四肢，体明显有头、躯干、尾之分，无鳞，善游泳，体长70毫米，背体侧都呈黑色，有蜡样光泽，腹面朱红色，有不规则黑斑；头部扁而平，躯干背面中央有不太明显的脊沟；尾侧扁，四肢长，无蹼。蝾螈喜欢在清冷的静水中生活，主要分布于浙江、江苏、安徽、江西、湖北和云南。

虎蝾，又称为钝口蝾，体长130～230毫米，背面黑色，有黄色斑纹和线条，主要生活于湿地，幼体生活于湖沼之中。幼体有外鳃，与蝌蚪相似，又称为美西蝾。虎蝾分布于南美墨西哥。

肥蝾，顾名思义，体型肥壮，长约150毫米，尾长为全长的1/2；背和侧面青灰色或青黑色，有棕褐色小圆斑；腹面橘黄色或橘红色，有少数棕黑色斑纹；头扁平，尾端侧扁，背鳍褶比腹鳍褶高；四肢短小，无蹼。肥蝾主要分布在广东、广西、福建、浙江、安徽、

江西、湖南等地，生活于山溪石缝之间。

大鲵，又名娃娃鱼，体长600～700毫米，最大的近2米；背面棕褐色，有人黑斑，腹面色淡；头宽而扁；口大，鼻孔和眼很小，位于头的背面；躯干粗壮而扁，尾侧扁，四肢甚短。大鲵栖息于山谷溪流之中，以鱼、蛙、虾等为食，肉可食，属国家重点保护的野生动物。大鲵分布于我国南方各省。

小鲵，体长仅50～90毫米，背面黑色，腹面色淡，全身有银白色斑点，体侧有10～12条肋沟；舌甚大，两行齿呈"V"形；尾短而扁。小鲵喜欢在水边草丛中活动，栖息于冷水静水湖沼，分布于我国南方各省。

第三章
爬行动物

爬行类动物出现以后，经过亿万年的演化与发展，形成了不同种群、不同形态、不同生活习性的庞大爬行动物群体。与两栖类相比较，以及与它以前的各门各类动物相比较，爬行类动物都明显地进化与发展了。它们体型大、肌肉发达、活动能力强、活动范围大。

爬行类

脊椎动物从水栖生活过渡到陆地生活，必须解决两个问题：一是设法活下来，二是能够延续后代。两栖类动物必须回到水中去繁殖，终生没有摆脱水的环境。爬行类动物要在陆地上扎下根，还得进行一系列的改变。

要想在陆地上生活，首先，爬行类动物的皮肤要耐得住干燥，被角质鳞片或被骨板，以防止体内水分蒸发。其次、脏器必须得到充分保护，心脏、肺脏等要避免因碰撞而受伤，于是具有由胸骨围成的胸廓是其最佳选择。最后，卵应是大型，外有纤维或石灰质硬壳，内有羊膜。爬行类均在体内受精，当受精卵发育时，卵内环境足以满足生理需要，不论卵产在何处，只要有适宜的温度，只要只要外壳不被破坏，子代幼仔都会顺利孵出。

羊膜卵能防止卵内水分蒸发，能克服一定程度的机械损伤，又有一定通气性，能保证胚胎发育过程中的气体交换。卵内卵黄丰富保证了胚胎发育过程中的营养供应。羊膜卵具有十分重要的地位和意义。实际上，爬行类动物以后所有的高等动物——鸟、哺乳类以及人类胚胎在发育过程中都发生羊膜。正因为有了羊膜卵，才使爬行类动物真正摆脱了水生环境，在陆地上扎下根来并传宗接代，延续发展，这是动物进化中的又一重大突破。

现存的爬行类约5700种，我国大约有320种，主要代表种类有乌龟、玳瑁、海龟、棱皮龟、鳖、喙头蜥、大壁虎、石龙子、北草蜥、丽斑麻蜥、避役、巨蜥、蟒、黑眉锦蛇、红点锦蛇、眼镜蛇、银环蛇、金环蛇、尖喙蛇、小赤链、乌梢蛇、烙铁头、蝰、眼镜王蛇、蝮蛇、竹叶青等，还包括鳄类，如扬子鳄、密河鳄。这些种类在分类上共分成四个目，即龟鳖目、喙头目、有鳞目、鳄目。

恐龙也是爬行类动物。由于它们具有特殊的分类地位，以及它们曾经在古代成为地球上最活跃的生物类群，它们始终受到人类的极大关注。

爬行类的演化与发展

在石炭纪末期，两栖动物中的迷齿类，如迷齿龙类开始繁盛起来，那时距今3.5亿年至3亿年。到了二叠纪，即距今2.8亿年左右，繁荣的坚头类出现了两大分支：盘龙类和杯龙类。

盘龙类发展到三叠纪，即距今2.2亿年左右，演化为兽孔类，这些兽孔类后来演化为哺乳类。

杯龙类在演化发展中向着被坚甲、被硬鳞等方向转化，分别演化为龟鳖类、鱼龙类、蛇颈龙类和始鳄类，这支正是爬行类演化的主干。之后，始鳄类中的一部分演化为有鳞目，另一部分则演化为喙头目，还有一部分演化为槽齿类。

槽齿类继续演化，于是出现了鳄类、翼龙类和恐龙类。另一部分槽齿类演化为鸟类。

到了侏罗纪，距今1.8亿年左右，翼龙类、恐龙类、鱼龙类和蛇龙类几乎占据了地球上所有水、陆、空环境，从种群数量上、种类上，都在地球生物中占有绝对优势。它们简直就是地球的霸主，极盛一时、繁荣一时，人们将这一时期称为恐龙时代。

当时的恐龙类家族中不乏庞然大物，如剑龙、禽龙、三崎龙、

单角龙、雷龙、梁龙、巨齿龙、蛇颈龙、羽齿龙、翼龙、鱼龙等，高达十几米、几十米，体重几十吨的比比皆是。

到了白垩纪，距今1.35亿年左右，恐龙类突然从地球上消失了。对它的解释归纳起来比较有分量的是小行星撞击地球说。这种观点认为，当时突然飞来一颗小行星，由于它飞行轨道离地球太近，结果在地球引力下一头撞向地球。整个地球都被强烈震颤了，地面掀起的烟尘升起几十千米的烟云，遮天蔽日。太阳被遮住了，地面变得寒冷，空气污浊，万木凋零，大部分动物、植物都死亡了，尤其恐龙类这些庞然大物，食量大，无法长期活下来。

龟鳖目

这是大家所熟悉的一类动物。而且关于龟鳖，我国民间有许多的传说，可以看出，龟鳖类被人类认识较早，也是人们比较喜欢的一类动物。

龟鳖类身被坚甲，这个坚甲称为龟甲。龟甲不是只长在背面而是形成一个筒状的套把其整个身体都套在里面，只露出头、四肢和尾。当遇到攻击时，龟鳖类动物可以把头、尾、四肢都缩到壳里，这样一般敌害也就奈何不了它了。

龟的背甲有许多种花纹，这些花纹往往构成各种各样的图案，有的种类龟甲上还生长着各种生物如绿藻等，因此被人们误认为是长毛的龟。也有人把龟甲上的图案看成是上天的某种信息，从而把龟奉为神明，甚至顶礼膜拜，恭敬有加。

龟鳖类动物的种类很多，比较有代表性的为金龟。金龟，也称为乌龟，其背甲黑褐色，上面有3条明显的纵棱。它是分布较广的龟类，时而栖息水里，时而生活在陆地上。它产卵于水边沙中，卵如鸟卵，卵壳石灰质较硬。它的新陈代谢缓慢，饱吃一顿后可几个月不吃不动，有的种类甚至几年不吃也照样活着。它多在湖泊、河川和水田附近活着，以植物或小鱼、小虾为食。

海龟，这是龟中大型种类，有的甚至几百斤重。它的上颌不弯曲，下颌钩状，边缘有锯齿状缺刻，前肢内侧有一爪。海龟主要分布于太平洋、印度洋中。

棱皮龟，体大，可达2米，是现存龟鳖类最大一种。它的背面无角质板，被以柔软的革质皮肤，上面有7条纵棱，棱间微凹如沟；

腹甲骨化不完全，有5条纵棱；四肢鳍足状，无爪，前肢甚长，后肢短；尾短；体背漆黑色或暗褐色，微带黄斑。该龟善游泳，以虾、蟹为食，主要分布于福建、浙江、江苏、山东沿海。

玳瑁，体较大，一般体长0.6～1.6米，头顶有两对前额鳞，上颌钩曲；背面的角质板呈平铺状，表面光滑，具褐色和淡黄色相间的花纹；四肢呈鳍足状；前肢大，有两爪；后肢小，仅一爪；尾短小，常藏甲内；性强暴，以鱼、介、海藻为食。

鳖又称为甲鱼、团鱼，头淡青灰色，有黑点，喉部色淡，有蠕虫状纹，或有黄点，背甲长可达240毫米，宽100毫米，通常橄榄色，腹面乳白色。鳖生活于江、湖中，分布极广。

龟鳖类是重要的水生动物，其肉可食，血、甲皆可入药。

喙头目

喙头目动物现在世界上仅存有一种，生活在新西兰。这种动物的名字叫楔齿蜥。

楔齿蜥的特点是体表有角质鳞，头顶上有颅顶眼 1 个；前肢五指，后肢也五趾；椎骨为两凹型；椎体中有残存的脊索。从外观上看，它与蜥蜴没什么两样，但它保留了许多原始爬行类的特征。它体长 750 毫米左右，体色一般为淡黄绿色或黑色，头端为吻状，尾似鳄，侧扁；体表角质鳞布满颗粒，背和腹侧有薄板状大鳞，背中线上有棘状鳞列。

楔齿蜥在洞穴中或水中栖居，主要在夜间活动，捕食蠕虫、昆虫、蜗牛。

在二叠纪时期，楔齿龙类（喙头目）沿蛇齿龙类已开始的进化方向上继续前进。两者骨骼的一般特征具有许多相似性。但是，楔齿龙类在两个方面表示出较蛇齿龙类远为特化的性质。第一个方面是楔齿龙类的牙齿产生了强

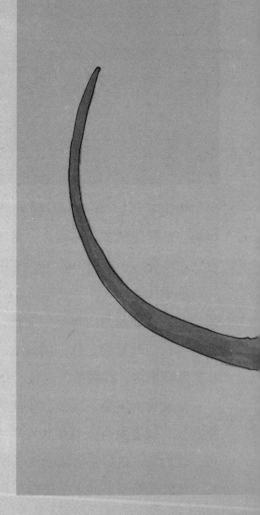

烈的分化，这是与头骨的发展相关联而产生的变化。前额骨、上颌骨和下颌骨的前端的牙齿呈大的匕首状，而沿着牙床两侧生长的牙齿则远比前边的牙齿弱小。其头骨高且窄，这是对于附着长且强有力的颌骨肌肉的一种适应，使口腔可以张得很大，并能有力地咬合和关闭。对于以巨大的脊椎动物为食、富于进攻性的爬行类动物来说，这种特化性能显然是非常有利的。

有鳞目——蜥蜴

蜥蜴，属爬行纲有鳞目。这类动物体表都被角质鳞化，有些种类鳞下还有小骨板。其头部、颈部、躯干部、尾部明显。大多数种类具四肢，也有个别种类无四肢，如蛇蜥。还有只有前肢或后肢的种类。但有四肢的种类的指、趾末端均具有爪。蜥蜴的齿细小，舌的形状、长短随种类不同变化很大。有的种类除具有普通的眼外，还有颅顶眼，这可谓三只眼睛的动物。蜥蜴有胸骨和肢带。蜥蜴以昆虫、蜘蛛、蠕虫等小型动物为食，如蛇蜥、草蜥、壁虎等。

避役，形体很小，约250毫米，鳞呈颗粒状，真皮内有多种色素细胞，能随时伸缩，变化体色，又称为变色龙；头上有钝三角形突起；舌长，能伸出口外捕食昆虫；四肢较长，善握树枝；尾也善于缠绕树枝以将身体固定在树上不至于掉下。避役分布于非洲北

部、土耳其、西班牙等地。

壁虎，又叫守宫，体扁平，体长约120毫米，背面暗灰色，有黑色带状斑纹；全身密被小鳞，枕部有较大的圆鳞，指和趾的底部有单排皮瓣；尾易断、可再生。壁虎常在壁上爬行，捕食蜘蛛、蚊、蝇等，有益。壁虎分布于我国四川、湖北、湖南、江西、安徽、福建等地，在国外主要分布于朝鲜、日本。

蛤蚧，又叫大壁虎，体长340毫米；背面灰色，有赤色斑点，尾部暗灰色，有7条环带状斑纹，腹面灰白色；指、趾间仅具蹼的痕迹，指和趾底有单排皮瓣。蛤蚧分布于我国东南、西南各省。

飞蜥，又叫飞龙，体长200毫米，灰色或带绿色，有暗色斑；咽喉部有3个突起；体侧有橙黄色的翼膜，膜上有5条延长的肋骨支持，使其可飞行数米；腹面黄色，有黑斑。飞蜥生活于树上，分布于我国云南、广西、海南，在国外主要分布于印度、东南亚一带。

草蜥，又叫蛇舅母，体长250毫米，尾细长，差不多等于头和躯干长度的2倍还多；背面绿褐色，腹面灰白色，体侧下方绿色；背部有大鳞6行。草蜥生活于草丛间，以昆虫为食，分布于我国南方各省。

巨蜥，在蜥蜴中体型最大，体长可超过2米，背面呈橄榄色，有不明显的黄色点状环纹，腹面黄色；尾侧扁，稍端尖细。巨蜥生活在近水环境中，善游泳、能爬树，食性很杂，主要分布于我国广东、云南，在国外主要分布于印度、东南亚一带。

鳄蜥，又叫雷公蛇，体长360毫米，背面黑色，腹面带红色和黄色，有黑斑；背部有颗粒状鳞和分散的棱鳞，尾背面有两排嵴棱。鳄蜥以昆虫、小鱼为食，分布于广西瑶山，属特产动物。

有鳞目——蛇类

蛇类有许多种，几乎分布于各种不同的环境中，适应性极强。蛇虽无足，但其运动速度极快，尤其善在草地上前行，伸缩摆动自如，转眼即逝。

蛇的种类不同，其颜色、大小也有很大不同，体长者可达 2 米以上，体短的也有几十厘米。蛇本来有头部、躯竿部和尾部之分，然而有的种类却有两个头，不存在尾部。生活在绿色环境的蛇一般多绿色、花色、树皮色，竹林中的竹叶青蛇浑身碧绿，扒在竹竿上很难分辨出它是活的蛇。经常窜入民宅的"土球子"——蝮蛇，体色灰褐，如土和陈年檩木，这些都对它的存在形成了协调的保护色。

蛇在生态系统中是食物链的重要组成部分，以鼠类为食，这对控制鼠类的种群膨胀，对保护生态平衡具有十分重大的意义。多数鼠类属有害动物，不但啃食家庭饰物、建筑材料，还毁坏农林作物，与人类争夺粮食，争夺生存空间；更重要的是，鼠类还传播各种传染性疾病，对人及其他动物有严重危害。鼠类繁殖能力极强，如不有效控制，

会危及人类生存。蛇类是鼠类的天敌之一。

当然，蛇也有对人类不利的一面，如蛇常常偷袭家禽、家畜，小鸡、小猪有时也会被它们吃掉。蛇中有不少带毒的种类，有的蛇甚至带有剧毒。一旦人不幸被毒蛇咬伤，如不及时救治，就有生命危险，这是对人类的直接威胁。

据统计，仅亚洲热带地区，每年因蛇伤致死的人就有2万～4万之众。这不是个小数，所以预防被蛇咬是重中之重。

我国已知蛇类约173种，毒蛇有48种，危害较大的有10种，包括眼镜蛇、金环蛇、银环蛇、蝮蛇、尖吻蝮、竹叶青、眼镜王蛇、蝰、烙铁头。

有鳞目——三大毒蛇

金环蛇、银环蛇和眼镜蛇被称为我国蛇类中的三大毒蛇。

这三种蛇的蛇毒主要麻痹神经系统，一旦进入中枢神经，中毒者的情况就非常危险。被这种蛇毒咬上后发病快，中毒者往往来不及救治就已死了。

金环蛇，体长 1～1.8 米，头部、颈部的背面黑色，吻部褐色；身体背面、腹面均有 2433 个相间排列的黑色与黄色环带，黄色环带比黑色环带窄。金环蛇栖息在几乎所有生境之中，只要有食物，温度适于它生长发育，就不难见到它的踪影。它喜欢吞食蜥蜴、鸟卵、鱼类和蛙类，适于生活在温暖潮湿的地方，主要分布在我国长江以南，印度与东南亚也有分布。

银环蛇，与金环蛇、眼镜蛇等同栖一类环境，它们的生活习性、生物生态特性也多有相近的地方。银环蛇比金环蛇小，有的种类只有0.6～1.2米，如云南银环蛇又叫寸白蛇，小白花蛇，但大都可达1.6米。银环蛇，体黑色，躯干部有35～45个白色环带，尾部有9～16个白色环带，腹部乳白色。这是它与金环蛇的主要区别。银环蛇蛇毒可治疗口眼歪斜、半身不遂及大麻风等症，主要分布在我国长江以南，东南亚一带也有分布。

眼镜蛇，长约1米，颈部和躯干部的颜色和花纹变化很大，一般颈部有一对白边黑心的眼镜状斑纹；躯干黑褐色，有环纹15个；腹面黄白或淡褐色。眼镜蛇生于丘陵地带及平原，以鳝、蛙、蟾蜍、蛇、鸟、鼠等为食。其毒牙前面有沟，怒时前半身竖起，颈部膨大"呼呼"作声。眼镜蛇分布于我国南方各省，也产于印度、东南亚。

蛇咬人后，蛇毒由伤口进入人体，随血液扩散引起人中毒。蛇毒是一种蛋白质，能麻痹人的神经，使人四肢无力、昏迷，最终导致中枢神经麻痹，可使人死之。蛇毒进入人的血液循环后，能引起剧痛、水肿，皮下紫斑，最后心脏衰竭也可导致人死亡。被蛇咬后，伤者应立即把伤口上方扎紧，防止蛇毒扩散；每隔10～20分钟放松1～2分钟，免得组织坏死；用盐水或清水冲洗伤口，然后用小刀把伤口切1～2厘米"十"字，用力挤出毒液，再用盐水冲洗，迅速就医。

有鳞目——无毒蛇

无毒蛇种类亦多，如游蛇类。这类蛇的特点是头部卵圆形，前后呈慢圆形收缩，中间宽大，不呈三角形。

水赤链蛇，长约85厘米，背面灰褐色，体侧橙黄色，有黑色横纹，腹面粉红色和灰白色斑纹交互排列，栖于山野、沼泽或水田之中，以黄鳝、泥鳅为食，分布于江南各地。

虎斑游蛇，又名竹竿青、野鸡脖子，长约80厘米，体背面暗绿色，有方形黑斑，体侧前部有交互排列的红色和黑色斑点，下唇和颈侧白色，生活在山区、沼泽湿地，以蛙、小鸟、小兽为食，主要分布在我国东北，朝鲜、俄罗斯东部也有分布。

赤链蛇，长1米以上，头黑色，鳞片边缘暗红色，体背黑褐色，有60～70条红色窄横纹，腹面白色。此蛇喜居村屯屋舍，以鱼、蛙、蟾蜍等为食，分布几遍全国（除广东、广西、西藏、新疆外）。

乌梢蛇，长可达2米以上，体背面前半部和侧面黄色，后半部黑色，故名乌梢，腹面黑色。乌梢蛇入药，性平、味甘，能祛风湿、定惊，主治风湿痹痛、惊痫、皮肤疥癣等。

灰鼠蛇，也叫过树龙，长1～2米，体背面暗灰色；每个鳞片的边缘都呈暗褐色，中间蓝褐色并前后相连而成纵线；腹面淡黄色，每个鳞片两侧为蓝灰色，在尾部的为暗褐色。灰鼠蛇栖息于山区、平原，以蛙、蜥蜴、鼠类和鸟类为食。分布于我国江南各省，印度、东南亚也有分布。

滑鼠蛇，长2米以上，体背面黄褐色，后部有不规则黑色横斑，头部黑褐色，唇部鳞片缝隙间呈黑色；腹面黄白色，腹鳞后缘两侧

为黑色。滑鼠蛇生活在山地、平原，以蛙、蟾蜍、蜥蜴、鸟、鼠等为食，分布于我国南方诸省，印度、东南亚也有分布。

锦蛇，体味臭，长 2 米多，背暗绿色，鳞片呈黄底黑边，体前半部有 30 条左右黄色斜纹斑；腹面黄色，有黑色斑纹。锦蛇栖于山区、平原，性活泼，行动敏捷，以小鸟、蛙、鼠类为食，也食其他蛇类，分布于我国河南、陕西及江南各省。

黑眉锦蛇，长 1.5 米左右，背面灰绿色，与体侧都有黑色带状斑纹，上唇和咽喉部位黄色；眼后有黑纹延向颈部，酷似黑眉，故名；从体中段开始有 4 条黑色纵纹达尾部末端。黑眉锦蛇喜伴人居，捕食屋檐小鸟、屋内老鼠等，对人类有益，分布于长江流域。肉可入药。

两头蛇，体小，体长 36～60 厘米，背部呈灰黑色或灰褐色，颈部有黄色斑纹，腹部橘红色，散布黑点；尾圆钝，有与颈部相同的黄色斑纹，颇似两个头部，故名双头蛇。另外，行动时，两头蛇常常两头并行，这是为了迷惑敌害，保护真正的头部。它以蚯蚓、昆虫为食，分布于南方各省。

有鳞目——蟒

　　蟒是爬行类动物中最长的动物，四肢退化，身体圆筒形，背部鳞小且光滑，腹部鳞片宽且阔，长可达6～7米，无毒，生活在深山老林或沼泽地里，以绞杀方式捕猎温血动物，可绞死牛、羊等大型动物，代表种为蟒蛇。

蟒蛇又名蚺蛇、黑尾蟒，无毒，体长可达6米，肛门两侧各有一小型爪状距，是肢退化的痕迹；体黑色，有云状斑纹，背面有1条黄褐斑；两侧各有1条黄色带状纹；头较小，吻扁且钝；吻鳞和前两枚上唇鳞上偶唇窝，对热十分敏感，能感知周围大于0.026℃的温差，能觉察一定温度范围内的温血动物。

蟒是我国蛇类中最大的一种，属爬行纲蟒蛇科。它野生生活在亚洲南部热带和亚热带地区的树林中或溪涧附边，常缠绕在树上，也能游泳。在我国分布于广东、广西、福建、云南和贵州南部，于印度、斯里兰卡及东南亚一带也有分布。蟒在我国数量十分稀少，已被列为国家一级保护动物。

蟒蛇生活在森林、沼泽中，以鼠类、鸟类、爬行类和两栖类动物为食。猎食时，蟒先迅速咬住猎物，然后用前半段身躯紧紧地缠绕几圈，把猎物活活勒死后，再从容地一口吞下。

蟒在生态系统中是食物链中的高等级消耗者，是维持生态平衡的重要生态因子，人类对蟒应该加以保护。

鳄目

　　鳄是爬行动物中形体最大，具有四肢、身被鳞甲的一类，由于它们的被鳞多为角质鳞，鳞下有真皮形成的骨板，不同于被鳞的蛇类。鳄的四肢一般都短，前肢具五指，后肢具四趾，趾间有蹼。鳄的运动方式以游泳、爬行为主，当袭击猎物时，瞬间速度极快，常将比它大的哺乳动物一口咬倒，拖入水内。它的嘴长，牙粗大、尖锐，两颌合并时有千斤之力，可以将小树一口咬断。

　　鳄类性凶残，平时静静地伏在水面不动，但从不会放过猎物，吃食物时两只眼睛常伴随吞咽动作流出泪水。

　　鳄类的代表种主要有扬子鳄、美洲鳄、湾鳄、非洲鳄、印度鳄等。

　　扬子鳄，体型较小，长2米左右，背面的鳞为角质鳞，共6横列；背部暗褐色具黄斑和黄条，腹面灰色，有黄灰色小斑和横条。

扬子鳄现存数量极少，已经濒临灭绝边缘，是属国家重点抢救保护的野生特产动物。它喜欢穴居池沼底部，以鱼、蛙、鸟和鼠类为食，冬季在穴中冬眠，分布于我国太湖流域和安徽南部青弋江沿岸。

湾鳄，形体较大，长7～15米，是鳄类之中形体较大的一种，体色为橄榄色或黑色。湾鳄性凶猛，常袭击人畜，活动范围很广，主要分布于印度、斯里兰卡、马来半岛至澳大利亚北部，我国广东沿海偶有发现。

印度鳄，吻长，又名长吻鳄，体长可达6米以上，体色同湾鳄，背面暗橄榄褐色，腹面色灰，幼体色淡，上有暗色斑纹，吻细且长，体表覆被鳞甲，各片之间连有柔软皮肤，便于屈伸；背脊正中鳞片具棱，延达尾端。印度鳄以鱼类为食，主要分布在印度、缅甸。

美洲鳄，这是产于北美洲东部地区的一种鳄。雌雄异型，大小不一。雄鳄大，长可达4米以上，雌鳄小，体长不到3米。其体色背面暗褐色，腹面黄色；吻又扁又宽，上面平滑；躯干部的背面的角质鳞共有18横列，其中有8列较大。美洲鳄生活在沼泽、河流中，主要活动在浅水区域，把眼和鼻孔露在水面，如果遇危险便迅速潜入水底泥土中。

非洲鳄，这是一种性情残暴的鳄鱼，主要穴居在河岸的地下，对来到水边的兽类从不放过。非洲鳄体长4～5米，大者可达8米，吻宽，略呈长三角形，躯干部背面有坚固厚重的鳞甲6～8纵列。四肢的外侧有锯齿一样的边缘，趾间有蹼，背面暗橄榄褐色，腹面淡黄色；幼鳄颜色较淡，有黑色斑点和不规则斑纹。非洲鳄分布于非洲尼罗河上游。

第四章
鸟类

人们形容自然环境美丽，总喜欢用花香鸟语、燕舞莺歌来描述，可见鸟类是美的象征，是吉祥的象征。

人类为了生存必须耕种五谷、营造森林，可是大自然中许许多多以农林作物和绿色植物为食物的昆虫，却会造成作物减产、森林毁坏，大自然中形形色色植食性动物也会造成作物或森林的局部毁灭。绝大多数鸟类终生或在一生中的某个阶段都以昆虫、小动物为食。它们早出晚归，控制着有害生物的产生和发展，维护着五谷丰登，林茂粮丰，对此，人们真心感谢它们，尊重它们的存在，把它们看作忠实的朋友。

现代鸟类的
基本特征

鸟类由爬行类演化而来，是一个适应陆上生活又善于飞翔的高等脊椎动物类群。

鸟类既像爬行类，如脚上长鳞、卵生等，又比爬行类进化，如鸟的体温恒定，为37℃～44.6℃，心脏四室，完全双循环，神经系统和感觉器官发达，孵卵、育雏等。再就是鸟能飞翔，可以长距离转移，不被恶劣环境影响。

恒温有什么意义？一般来说，高且恒定的体温能够促进体内酶的活性，特别是促进消化道内各种酶的活性，从而加快酶催化和发酵过程，食物消化速度加快，新陈代谢也随之加快，结果必然是使机体的生命力旺盛，也减少了对环境的依赖。鸟类是动物界消化能力最强，消化速度最快的动物。

育雏是鸟类进化的高级行为。鸟在产卵前会精心营造鸟巢，在鸟巢造好之后它们才开始产卵。卵的数量达到孵化要求后，亲鸟或单独，或轮流，整天卧在巢中卵上，用体温将雏鸟孵化出来。这期间需要十几天或几十天。鸡孵化时间一般为21天，鸭孵化时间一般为28天。孵化时，亲鸟头顶烈日，哪怕大雨滂沱，都不动，由另一只亲鸟找食物来喂它充饥。待到雏鸟出世后，亲鸟腹部的羽毛已经大部分脱落，体质也明显减弱。有的雏鸟

孵出后，亲鸟已经处于瘫痪状态，如乌鸦雏鸟会飞后，要寻找食物来喂母鸟18天，这就是乌鸦反哺。

大部分雏鸟育出后，亲鸟还要再喂雏鸟一个阶段，待它们羽毛丰满；体重增加后，还要带它们飞翔，捉虫。这种行为在高等动物以及人类中都普遍存在，这不但保证了幼鸟的成活率，也为鸟类种群的发展起到了决定性作用。

鸟有羽毛，能飞翔，这使它们对环境有更充分的选择。每年冬季，一些不耐严寒的鸟类便成群结队飞往南方，到几千千米以外的绿色世界度过漫长的冬天。翌春，它们准时从千里之外风尘仆仆地归来。

鸟类的识别

在千姿百态的鸟类世界中，怎样识别鸟的种类呢？这就要了解鸟的生物生态学特性了。游禽离不开水，猛禽愿居深山，麻雀喜居屋檐。在长期的自然选择和不断适应中，不同种类的鸟各自形成了不同的生活习性，这是识别鸟类的首要依据。

鸟类飞翔的姿势也是识别鸟类的常用办法，鸭类飞翔时往往呈现"一"字形，鸢喜欢在高空中滑翔，燕子低飞时风驰电掣，鹡鸰飞行呈波浪式曲线……

平时观察鸟的形态时要从头到脚，从外到里，观察越细，研究越仔细、深入，对鸟类的识别也就越自如，越准确。形态观察从嘴开始，鸟嘴也叫喙。鹤的嘴长长的，鹬的嘴长且向下弯曲，火烈鸟的嘴像一个钩子又似锄，雀类的嘴像圆锥，燕子的嘴大，鹰的嘴如锐利的钩子。

观察体形可选好参照对象，如麻雀常见，与麻雀大小差不多的有鹀类，如黄胸鹀、三道眉草鹀；比麻雀小的如柳莺；与喜鹊大小差不多的有杜鹃、灰椋鸟、鸫类等；与鸡差不多的有雉鸡、锦鸡、沙鸡、榛鸡；与鸭差不多的有鸳鸯、斑嘴鸭、绿头鸭、赤麻鸭；与鹅差不多的有天鹅、大鸨、鹤等。

爪也是区分鸟类的根据，鸭、雁的爪具蹼，鹰的爪如利剑，骨顶鸡的爪酷似鸡爪但又长着蹼……

最重要的识别鸟的依据就是羽毛。羽毛的形状和颜色往往使我们一眼就能分辨出鸟类，如孔雀，它那美丽如屏的羽毛十分显眼。一般羽毛以黑色为主的鸟类有骨顶鸡、乌鸦和黑鹳；以白色或灰色为主的鸟类有池鹭、天鹅、白鹳、丹顶鹤、大鸨；以灰色为主的鸟类有杜鹃、椋鸟、鸥类；以绿色为主的鸟类有绿啄木鸟、柳莺、金翅雀；以黄色为主的鸟类有黄鹂、黄喉鹀、黄胸鹀；以红色为主的鸟类有雉鸡、北朱雀、红点颏；以蓝色为主的鸟类有三宝鸟、蓝翡翠、蓝点颏；以褐色为主的鸟类有鹌鹑、山斑鸠、斑嘴鸭、麻雀等。

经验丰富的人有时通过听叫声也能分辨出它是什么鸟。杜鹃叫声是"布谷、布谷"，柳莺叫如"咕噜粪丘"，燕子叫如"喃呢"，麻雀叽叽喳喳地叫，黄胸鹀叫声宛转，乌鸦哇哇叫。

鸟的分类

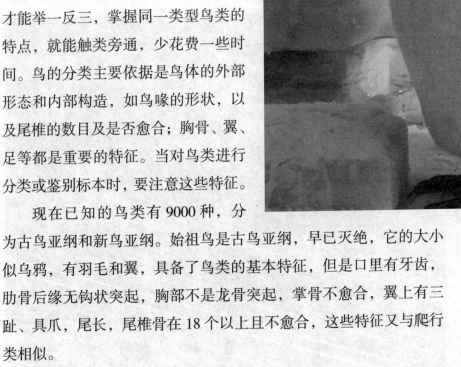

鸟类几乎分布于地球上的各个生境。这得益于它们有翅膀，能够做长距离迁移。

鸟的分类是识别鸟类的基础，是研究鸟类的钥匙。人们只有分门别类才能举一反三，掌握同一类型鸟类的特点，就能触类旁通，少花费一些时间。鸟的分类主要依据是鸟体的外部形态和内部构造，如鸟喙的形状，以及尾椎的数目及是否愈合；胸骨、翼、足等都是重要的特征。当对鸟类进行分类或鉴别标本时，要注意这些特征。

现在已知的鸟类有 9000 种，分为古鸟亚纲和新鸟亚纲。始祖鸟是古鸟亚纲，早已灭绝，它的大小似乌鸦，有羽毛和翼，具备了鸟类的基本特征，但是口里有牙齿，肋骨后缘无钩状突起，胸部不是龙骨突起，掌骨不愈合，翼上有三趾、具爪，尾长，尾椎骨在 18 个以上且不愈合，这些特征又与爬行类相似。

新鸟亚纲包括平胸目、企鹅目和突胸目。

平胸目的鸟类胸骨扁平，几乎与人类一样。平胸目的鸟类的体型都较大，有强有力的后肢，善于奔走。例如，鸵鸟的两条腿粗大有力，它可以驮着人奔跑。

　　企鹅目的动物的样子都与企鹅差不多两个翼都变成了鳍状。这些动物没有翼，不能飞，趾间有蹼，善于游泳，尤其是它们身体密被羽毛状鳞片，下水不会被水浸湿，可减少水的阻力，也可保持体温不过多降低。企鹅目现存的只有企鹅 1 科，大约 6 属 17 种。

　　突胸目的动物分布最广，最常见，种类也最多，现存的大约有 26 目 81 科 1186 种，占世界鸟类总数的 13.8%。突胸，最明显的就是鸡胸脯，这部分鸟善飞善走。例如，游禽类的鸭雁、信天翁、鸥、鸬鹚，涉禽类的鹤，猛禽类的鹰，鸣禽类的百灵、麻雀，攀禽类的鹦鹉，鸠鸽类的岩鸽，鹑鸡类的锦鸡，以及燕、杜鹃、啄木鸟。

鸵鸟

鸵鸟是现存鸟类中体型最大者，它后肢发达粗壮而有力，奔跑起来每小时可跑 3.5 千米，能驮动人且行走自如。鸵鸟的翼短小，退化，羽毛无羽，小钩也不能形成羽片，因此无飞翔能力。鸵鸟代

表种有非洲鸵鸟、美洲鸵鸟、鹤鸵、无翼鸟等。

非洲鸵鸟，体大，高 2.5 ～ 2.75 米，重 75 ～ 172 千克，雄鸟大、雌鸟小，胸骨不发达、尾羽蓬松而下垂；足具二趾，趾底有肉垫，走起来悄然无声，但步伐有力，步幅大。雄鸟体羽主要黑色，翼羽、尾羽白色；颈部呈肉红色，分布有棕色绒羽。雌鸟羽毛乌灰色。该鸟喜欢群居，食性杂，卵大，每枚重 1 千克左右。该鸟经驯养可供旅游观赏，羽和肉有一定经济价值。该鸟分布于非洲沙漠。

美洲鸵鸟，比非洲鸵鸟体型小，一般高 1.4 ～ 1.5 米，雌小雄大。该鸟的尾羽退化，但两翼的羽毛发育较好；头顶、颈部后上方和胸前的羽毛为黑色，头顶两侧和颈下方黄灰色或灰绿色；背、胸两侧和翼褐灰色，其余部分灰白色；足具三趾，善驰走。该鸟喜欢群居，往往一雄多雌，羽毛和肉可利用。该鸟分布于美洲草原地区。

137

企鹅

企鹅虽然属鸟类，但它不能飞，用来飞翔的双翼已经变成善于游泳的鳍状。为了适于游泳，它们的足趾及趾间都生有能兜住水的蹼，羽毛也变成鳞片状。企鹅的后肢短，靠近身体的后方。企鹅喜欢站立，其状如人。

现存企鹅有1科6属17种，都分布在南半球。企鹅是一类很特殊的、善于潜水的大中型鸟类，如非洲企鹅。企鹅体态特殊，后肢短，移至躯体后方，站立的姿态如人立；前肢特化为鳍状，后肢趾间具蹼，善游泳和潜水，但不会飞行。企鹅在陆地上行走，躯体直立，前肢前后划动，左右摇摆前进。此外，企鹅的羽毛特化为鳞片状（羽轴扁而宽，羽片狭窄），均匀分布于体表，胸骨具有发达的龙骨状突起。

帝企鹅，形体较大，站立时1米多高，是唯一于冬季在南极繁殖的鸟类。该鸟喜欢在水中游泳，潜水性能极佳，在水中行动敏捷，捕食小虾。该鸟上岸时靠海浪推动纵身向岸上蹿。繁殖时成群的企鹅迎风而立，用两脚护住卵，以体温来孵化。一旦成年企鹅移动身体，卵便暴露在光天化日之下，很容易被天敌抢走吃掉。

一般企鹅分布范围很广，几乎从南非到南美西部岩岛及南极洲沿岸都有它们的踪影。企鹅常年栖息地的企鹅粪往往堆积成山，这是有待开发的天然肥料。

企鹅体长通常65厘米左右，体羽背面黑色，腹部白色并杂有1条或2条黑色横纹；其皮下脂肪甚厚，借以抗御严寒。所有企鹅两翼都变成鳍状，羽毛细小呈鳞状。它们大部分时间生活在水中，生

殖时登陆。它们的前进方式除走外，在岩石之间靠跳跃行进。它们在直立时姿态逗人，犹如昂首企望的人们。

企鹅性情温和，在每个繁殖期产卵 2 枚，卵白灰色，很大，石灰质卵壳很坚硬。信天翁是企鹅的天敌，往往乘企鹅不备将卵偷走，衔在高空将卵扔下，在卵摔碎后俯冲下来再食卵黄。

为了避免敌害侵袭，大群企鹅往往巢居于海岸和礁石之中，穴与穴之间相互贯通，主要以鱼类为食，分布范围为南极洲。

游禽类

这是鸟类中既善飞又善游泳的一类，翼发达、后肢短、具蹼；喙扁阔或长尖，常在水上漂游，水中取食。游禽包括以下几类，即鹱形类、鹈形类、雁形类和鸥形类等。

鹱形类，都属大型海鸟。它们的鼻孔呈管状；喙强大具钩；翼尖长，善翱翔；前三趾具蹼，后趾小或缺。该类鸟为晚成鸟，幼鸟孵出后必须在成鸟照顾一段后才能独立生活。

信天翁，体大者可超过 1 米。我国沿海分布的短尾信天翁体长约 93 厘米。成鸟白色，颈部略带浅黄色，两翼的初级飞羽和尾端褐色。该鸟分布于北太平洋，冬季可见于东北沿海。少数黑脚信天翁终年留居我国台湾海峡。

白额鹱，体长约 50 厘米，头顶前部和颈部白色，缀以褐色纵纹；上体其余部分暗褐色，下体纯白无斑；足短，趾间具蹼；喙端微钩曲。该鸟多夜间出来觅食，以鱼和软体动物为食，分布于我国沿海、朝鲜、日本。

鹈形类，中型至大型，四趾向前，趾间具全蹼；喙强大具钩，下颌具喉囊，善捕鱼。例如，斑嘴鹈鹕，体大型，双翼展达 2 米以上，全身纯白，仅翼羽和尾羽黑色。

鸬鹚，又名鱼鹰，体色纯黑，具金属光泽，颊部白色。该鸟经驯养后可以帮助渔人捕鱼。

雁形类，大中型游禽，喙宽而扁，先端有加厚的嘴甲，边缘具缺刻，利于滤食，跗短，前三趾具蹼；雄鸟具翼。该类鸟的早成鸟。秋沙鸭的喙侧扁，上喙先端钩曲，啮缘具角质小齿，颈长脚短，前三趾具蹼，翅发达，善飞又善游泳，少数善潜水；羽毛稠密，冬季绒毛较多，尾脂腺发达，雄鸟具交接器，在水边草丛、树洞或建筑物内营巢。该鸟的早成鸟，候鸟，冬季常在长江流域或以南地区的江湖水区集群越冬。

141

野鸭

这是大小与家鸭差不多，但生活在自然界的一群鸭类。它们数量多，羽毛鲜艳，肉蛋极富营养且羽毛可加工服饰，是鸭类之中无论生态地位和经济地位都十分突出的鸟类族群。它们之中有许多具有较高的学术价值，属国家重点保护的野生鸟类，如鸳鸯、中华秋沙鸭、赤麻鸭等。

以鸳鸯为例，雌雄鸟一生相守不分离。雄鸟美丽，体长约43厘米，最内的2枚三级飞羽扩大成扇形竖立背后，十分好看；眼睛棕色，外围有黄白色环；嘴红棕色。雌鸟稍小，背部苍褐色，腹部纯白。

　　鸳鸯在环境幽静的深山大川中水边古树的树洞或水边的悬崖上做巢。幼鸟孵出后，幼鸟会从高处跳入水中，从此自己觅食，随父母生活。鸳鸯每窝产卵6～10枚，冬季到南方越冬。

　　绿头鸭，体长约60厘米。雄鸟头与颈辉绿色，尾羽大部分白色，仅中央4枚尾羽色黑而上卷。雌鸟尾羽不卷，体黄褐色，并缀有暗褐色斑点，又称为大麻鸭。该鸟数量较大，分布广泛，常成群与其他水禽一起生活，以小鱼小虾、水中蠕虫及甲壳类为食，在冬季飞往南方，在早春回到北方繁殖。

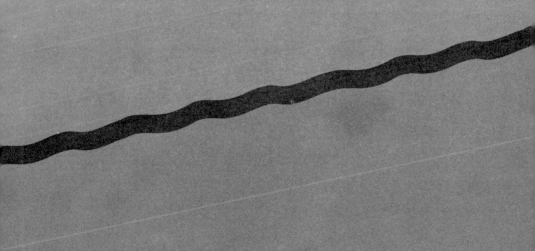

雁

雁 比鸭类体型大，形如家鹅。实际上，雁是家鹅的祖先。雁与鸭类或与家鹅相比较嘴宽且厚，嘴的末端有嘴甲，较厚，喈的边缘具有较钝的栉状突起。雌雄羽色相似，多数种类以淡灰色、褐色为主，并布有斑纹。雁以植物种子为食，肉鲜美，代表种有鸿雁、豆雁、白额雁、天鹅等。

鸿雁，雄鸟体长82厘米，雌鸟较小，嘴黑色，嘴的长度大于头部长度。雄鸟嘴的基部有一个膨大的瘤，雌鸟瘤不明显。雌雄鸟身体羽毛均为棕灰色，由头顶达颈后有1条红棕色的长纹，腹部有黑色的条状横纹。越冬前，鸿雁成群结队迁徙到南方，春季再迁飞回北方繁殖，在空中飞行时或排成"一"字队形，或排成"人"字队形，由头雁领飞；落地过夜有站岗放哨的雁，负责警卫。鸿雁每年准时迁徙，世代不变，被人类传为佳话。鸿雁栖息河川、沼泽、偶居森林，在秋后集群前常聚于田野，以植物为主要食物。鸿雁的分布南至江浙、北至黑龙江甚至再往北到俄罗斯的西伯利亚至堪察加。

天鹅，在雁类中形体最大，也是最珍贵的鸟类，雄鸟体长达1.5米以上，雌鸟略小。天鹅颈极长，在飞翔时头与颈部向前下方伸直；羽毛洁白，嘴端黑色，嘴基部黄色。天鹅喜群居，在湖泊、沼泽湿地

苇塘草丛及高大树上做巢。天鹅的食性复杂，以植物为主，但遇到
小鱼、小虾也不会放过。天鹅善飞翔，飞行时又高又快，分布也极
广泛。常见的天鹅种类还有疣鼻天鹅、短嘴天鹅。天鹅是我国重要
的保护鸟类之一。

鸥

鸥类多数为海洋性鸟类，形体大小差异很大，喜欢群居，每一群体多则可达成千上万只，善于飞翔。昆明的红嘴鸥集群每年都会吸引海内外游客来这里驻足赏玩。

鸥类体羽多为银白色，翼尖且长，善于飞翔。该鸟嘴形直，上嘴和下嘴等长或上嘴较长，先端尖或稍曲，鼻孔裸出；翅长且光，第一枚或第二枚初级飞羽最长，初级飞羽10枚，折合时翅长超过尾端，尾长呈叉状或圆锥状，尾羽12枚；前趾间具蹼；体除银白外也有黑灰但少褐色。雌雄同色，幼鸟羽色较暗。

鸥类虽为海鸟，但偶尔也到湖泊河川暂时栖息，食物以鱼类及甲壳类、昆虫等为主。鸥类似营巢在岩石上或沼泽边，巢构造简陋。鸥类分布几乎遍及全球。鸥类全世界共82种，我国现已记录到32种。

黑尾鸥，嘴侧扁，上嘴长于下嘴，嘴端向下钩曲，趾间具蹼，翅长，折合时长于尾；尾白色，近端具有一道宽阔的黑色斑；嘴绿黄色，具红端，近端处有黑斑。黑尾鸥分布自辽河口、旅顺、河北、山西南至广东均有。

燕鸥，嘴长且细，稍侧扁；翅长而尖，尾羽深叉状，由外侧尾羽延长部分所构成；全蹼；头、

额、后颈均黑色，背与肩灰色，腰、尾上覆羽和尾均白，最外侧2对尾羽的外甲羽略呈灰色；嘴黑，脚与趾褐黑，爪黑色。该鸟分布于西北、四川、东北西北部和沿海一带，繁殖在东北。

黑燕鸥，嘴细且长，嘴峰端向外渐阔；鼻孔位于鼻沟中，翅长，脚大，趾具全蹼。该鸟分布于福建和台湾海峡。

白燕鸥，嘴坚强，比头长，嘴峰直；翅长尾羽居中，短于翅之半；体羽白色。该鸟分布于西沙群岛、澳门等地。

涉禽类

涉禽腿长、喙长、颈长，站在浅水中能低头捕捉水中鱼虾，故名涉禽。涉禽蹼不发达，翼发达，善飞又善走。涉禽包括鹳、鸻类、鹤类，多为国家重点保护鸟类。

苍鹭，属鹳类，体羽大部分灰色，飞羽黑色。

白鹭，全身白色，背和上胸具丝状羽。

白鹳、黑鹳都属珍稀鸟类，被列为国家一类保护动物。

鹳属大型涉禽，形似鹤似鹭，嘴长且直，翼长大且尾圆短，飞翔轻快。白鹳体长 1 米以上，头颈和背部皆为白色。黑鹳体长约 1

米，比白鹳略小，体从头至尾，两翼和胸部均为黑色，并且泛紫绿光泽，下体其余部分为纯白。

鹳类为候鸟，每年冬季迁徙到南方越冬，翌春再飞回北方繁殖。该鸟的食物以鱼虾为主，该鸟也食蛇、蛙及甲壳类小动物。

鸻形目的鸟，形体中型和小型，长喙、长足、长趾、短尾、尖翼是其明显特点，体色不鲜艳，似沙土，具隐蔽性，营巢地面，幼鸟早成。

凤头麦鸡，体长近35厘米，前额、头顶、头后色黑且泛绿光；羽冠修长似辫，故名凤头麦鸡。该鸟头侧白色，背羽墨绿带紫铜色光泽，喉下及腹部白色。该鸟成对或小群栖于江河沼泽沿岸，以小虾、蠕虫、昆虫为食，候鸟。

白腰杓鹬、草鹬，形体皆小，羽毛沙以灰色、黄褐色为主，密缀细碎斑纹，喙细长而直向上或向下弯曲，足长善浅水行走。该鸟以水生生物为食。

金眶鸻，体长25厘米左右，翼和尾短，喙细短且直，足细长。该鸟以蠕虫、昆虫、藻、螺类及甲壳类为食，候鸟。

丘鹬较大，体长40厘米，啄长且直，体羽以淡黄褐色为主，上具黑色带横纹；尾羽呈深色，散有锈色红斑，末端上面黄灰，下面白色。眼大，从嘴到眼以及眼下各有1条黑色条纹。该鸟栖息湿地、森林，以蠕虫、昆虫及植物为食，候鸟。

燕，又名土燕子，体长约22厘米，头顶、上体褐灰色，尾上覆羽白色，尾羽深色，叉状如燕；喉部和上胸部淡灰而带一黑色半环。下胸后，由淡棕黄渐转白色。燕以昆虫为主要食物，是捕蝗能手，是重要益鸟之一。它善于在飞行时将嘴张开，将飞虫兜进嘴中。燕产卵于地表，分布甚广，候鸟。

鹤

鹤类也属涉禽，中型到大型。鹤类嘴长、颈长、脚长。

鹤嘴长，嘴等于或长于头的长度；嘴直，鼻孔椭圆形，后缘有膜遮盖，鼻孔位于鼻沟的基部；眼先常裸出，两翅大且稍尖圆形，尾羽12枚；后趾高，与前三趾不在一个水平面上爪短，蹼不发达。

鹤类生活在开阔的沼泽地带，有时在海边或耕地，除繁殖期外，多基本群栖。鹤类常将巢做在水边苇草上，巢形简单，呈浅盘状。雌雄鸟均参与孵卵。鹤类的食物以昆虫、鱼类、蛙的蝌蚪为主，也食嫩草、种子及水中其他动物。鹤类叫声高亢响亮，飞翔时头颈前伸、两腿向后伸直，野外极易识别。鹤类分布于东半球、北美洲西部，我国主要在东北西部繁殖，迁徙时几经全国各省。

丹顶鹤，体长在1.2米以上，体羽主要为白色，喉、颈部暗褐色；尾短，喙、颈和跗都长羽。该鸟喜欢浅滩中走动觅食，分布于吉林西部、黑龙江西部水域。吉林省向海保护区人工孵出的丹顶鹤喜欢在参观者中间跳舞，索求食物。丹顶鹤在中国是吉祥、如意、长命百岁的象征，常被画家与青松画在一起，寓益寿延年之意。

蓑羽鹤，体较小，大小如苍鹭，羽多灰黑色，眼红色；颏下两侧各有1丛白色长羽，前颈有1丛垂下的黑羽；下颈的羽毛长长，被针形而内侧次级飞羽很长；头具羽冠。该鸟分布在我国三北地区，候鸟。

灰鹤，体长1.1米左右，喙、颈和跗部较长，体羽呈灰色，颈下黑色。老年灰鹤枕部光秃，红色。该鸟分布全国，夏季到我国三北地区及俄罗斯境内繁殖，冬季在长江流域越冬。灰鹤肉、蛋可食，

羽毛可做服饰。

大鸨，形体较大，体约 1 米，重 15 千克，颈部羽毛主要淡灰色，背部有黄褐和黑色斑纹，腹部近白色。该鸟群居于草原地带，或草场边农田，善奔跑，足强健。该鸟以植物性食物为主，尤喜食后谷物。该鸟属国家级保护动物，分布于我国东北西部、西伯利亚，蒙古境内也有分布，肉可食，羽毛可做服饰。

秧鸡，属鹤形目鸟，小型涉禽，体长 30 厘米左右，头小，躯干削瘦；喙、颈都长；体羽暗灰褐色，带黑色斑纹，头部斑纹尤为显著。两翼大半灰褐；下体褐色；两肋具白色。该鸟步行快速，不善飞，以蚯蚓、昆虫为食。

苦恶鸟，涉禽类，体长 35 厘米左右，背部羽毛茶褐色，前额、头侧以至喉、胸、腹和腿部纯白色，肛周及尾下黄褐色；翼短，飞翔能力差，但行走甚快，叫声如"苦恶，苦恶"，故名。该鸟在夏季分布于长江流域，在冬季到福建以南过冬。